看不见的科学世界

KANBUJIAN DE KEXUE SHIJIE

寻觅失踪的生命

董枝明　胡　杨 | 编著

河北出版传媒集团
河北科学技术出版社
·石家庄·

图书在版编目(CIP)数据

寻觅失踪的生命 / 董枝明等编著. — 石家庄：河北科学技术出版社, 2012.5（2022.7 重印）
(看不见的科学世界)
ISBN 978-7-5375-5178-6

Ⅰ. ①寻… Ⅱ. ①董… Ⅲ. ①生命起源-青年读物②生命起源-少年读物 Ⅳ. ①Q10-49

中国版本图书馆 CIP 数据核字(2012)第 075609 号

寻觅失踪的生命
Xunmi Shizong de Shengming

董枝明　胡　杨　编著

出版发行	河北出版传媒集团　河北科学技术出版社
地　　址	石家庄市友谊北大街 330 号(邮编:050061)
印　　刷	三河市华东印刷有限公司
经　　销	新华书店
开　　本	640 × 960　1/16
印　　张	12
字　　数	130000
印　　次	2012 年 6 月第 1 版 2022 年 7 月第 2 次印刷
定　　价	38.00 元

前 言

PREFACE

30多亿年前，最简单的生命在地球上诞生了，从此，生命的演变进化也就开始了。这个演变进化过程时快时慢，生命经历着风风雨雨，不停地向前发展着，点缀在生命演化彩带上的是，简单的生命一步一步地演变出了今日丰富多彩的生物世界。对于生命演变进化的了解，现在人们正在摆脱过去的看法，人们不再把地球看做是一个死的球体。“地球是活的！”这一崭新的观点正在影响着人们。大气、岩石、水与生物共生，即天（大气圈）、地（水圈，岩石圈）、生（生物圈）互动平衡，共同造就出了宇宙苍穹中的蓝色星球——地球，我们人类的家园。

自古以来，人们一直在关注着地球上的生命，也包括我们人类自己。想了解它们的起源，寻觅它们演化的踪迹，展望生命的未来。自人类文明开始以来，有关这些就使人类产生了各种各样的想法和猜测，提出了各种各样的假说，人们使用了许许多多的方法和手段，做了种种的推测。在各种方法中，最简捷、最可靠的方法就是古生物学。古生物学就是研究化石的一门科学。古生物化石是了解逝去生命的最好的物证，青少年朋友们今天看到的栩栩如生的恐龙，就是科学家们研究化石的结果，化石是人们寻觅失踪生命最得力的助手。在生命的历史长河中，千姿百态的生物在不断地更替着，它们中的一些灭绝了，而另外一些又诞生了。如果没有化石，人类根本就不可能知道远古神秘的生物世界。科学家们在寻找化石、挖掘化石、研究化石，他们使逝去了的生命恢复了本来的面目，谱写了一部部生命激流的进行曲。

本书通过史前生命的遗迹——化石，来为青少年朋友们展现出一幅幅地球曾经生机盎然的，而现今已经灭绝了的生命画卷，以了解地球生命的过去，并展望未来。本书可谓以管窥天，择其主要，通过地球上的几次生命大爆炸、进化和灭绝事件，来向青少年朋友们展示生物是如何从水中到了陆地，又由陆地飞向了天空的演化过程。我们今天知道的所有这一切都是科学家们研究的结果，有些是得到科学验证的，有些却是推测和假说，正等待着人们进一步地去发现、验证，相信一位善于思考的青少年朋友会得出自己的结论。

董枝明

2001年8月于北京

目 录
CONTENTS

一 历史的时钟

二 生命的起源

目　录
CONTENTS

八 恐龙的王朝

九 改天换地的大灭绝

·目 录·
CONTENTS

一、历史的时钟

● 岩石里的“文字”

如果我们把地球上沉积的岩石比作一本史书，那一层层的岩层就好像是书中一张一张的书页，而化石呢，就成了岩层里的“文字”，它记载着地球的历史和地球生命进化的信息。古生物学就是科学家们寻找、研读这些“文字”，了解消失了的生命的一门科学。科学家们把这些化石“文字”按地质年代和生物种类编撰出来，就形成了一部宏伟的著作。研读这部著作，我们就可以知道亿万年前生灵们一幕幕悲壮兴衰的历史，了解一部地球生命演化的故事。下面让我们先从化石说起吧！

化石这个词最初是由德国采矿工程师乔里·鲍尔在16世纪初提出来的，它原来的意思是“地下采掘出的石块，土里出来的物品”。后来化石被专门用来指在地球生命进化的历史中，随着时间的变化保存于地层中 的生物遗体（如动物的骨骼、牙齿，植物的根、茎、叶）、生物遗物（如动物的蛋、粪便、胃石）和它们的生活遗迹（如皮肤印痕、足迹）等变成的石头。它们虽然变成了石头，但它们还保持着原来动物或植物的某些痕迹，使我们能够清楚地看出这块石头是由什么变来的，这种石头就是化石。

那么，化石是怎样形成的呢？在通常情况下，变成化石的大多数是生物遗体的硬体部分，硬体部分变成化石要经过石化作用，这是一个非常复杂的物理化学过程。许多人觉得很奇怪，怎么动物的骨头会变成了石头呢？尽管石化作用非常复杂，但这个道理说起来很简单，现在我们先举一个生活中的例子。

咸鸡蛋是人人熟悉的食品。新鲜的鸡蛋是不咸的，可是

历史的“史书”——辽宁北票的层岩

把鸡蛋浸在盐水里，腌上几个星期后，鸡蛋就会变咸了。这是为什么呢？因为盐水中含有盐分子，盐分子通过渗透作用而进入鸡蛋内，因此鲜鸡蛋就逐渐变成了咸鸡蛋。盐分子进入鸡蛋的多少与温度、压力、盐水的浓度有关。假如一个鸡蛋在盐水供应充足的条件下，把它腌上千百年之久，这个蛋还是一个咸鸡蛋吗？不会，这时候它实际上已经变成了与化石相似的东西，也可以把它叫作“化石蛋”了。尽管化石蛋还保持着原来的样子，可里面的物质却不相同了，原来的蛋白、蛋黄已被无机盐类所代替和填充，蛋壳里也充满了无机盐类。恐龙化石的形成与上述腌咸鸡蛋的方式相似。假如在7000多万年以前，一条恐龙的遗体偶然被埋在地下，没有被破坏，也没有受到细菌的分解，地下含有丰富的地下水，水中含有较多的无机盐类，这些无机盐就是我们用壶烧水时在壶底沉淀下来的水碱，它们多是碳酸钙。这些无机盐分子逐渐代替和置换了原来的有机质，经过漫长的岁月，这条恐龙就变成了化石。科学家们把这个过程称为石化作用。这个取代过程是非常缓慢的，但有时候却能够完全翔实地发生，形成的骨骼化石保存着与原来非常相似的形状。有的还保存了细微的构造，如恐龙蛋蛋壳中的微细气管通道、蛋壳的细胞层等都能体现出来。有些动物的形迹，例如恐龙行走留下的足迹、蠕虫爬行的痕迹印模、昆虫的翼膜、鸟类的羽毛等也能形成化石。甚至动物生前制造的“建筑物”，例如恐龙的巢穴、蠕虫居住的管孔等，均可以形成遗迹化石。所有这些

暴露出地表的恐龙化石

东西正是古生物学科学家们要寻找和研究的对象。

难得的机遇

动物、植物死后，它们的遗体常常被微生物分解，被肉食动物肢解，被温度、水流、风力摧毁。生物死后遗体能被保存下来确实十分不容易，一般是要快速地被埋藏，才能有机会形成化石。然而，快速埋藏起来的动植物遗体，并不能确保其一定能形成化石。这还需要遗体的泥沙层必须不被风力、流水等毁掉，而且需要保存上百万年之久，这样才有可能缓慢地形成岩石。而生物遗骸在石化作用下被矿物质所取代形成化石，这样的机会更是少之又少。

地球上的地质作用持续不断地在创造与毁灭，地震、火山喷发、山脉隆起折叠和地壳上板块的移动碰撞以及地质压力足以将岩石重新塑形或者将化石遗骸完全毁损。由于物理或化学力的侵蚀，较古老的地层里的化石比较年轻的岩层里的化石更稀罕难得。即使岩层中保存有化石，大多也埋藏在深层，很难被人们发现。化石只有在地壳运动时将岩层抬升到地表，再经过风吹雨打，水流的冲蚀切割，岩层裸露出来，才有机会暴露出地表。然而，裸露的化石被懂得化石的人发现、发掘，并送到实验室得到科学利用的，则更是少之又少，所以科学家们用来科学研究的化石是十分珍贵的。

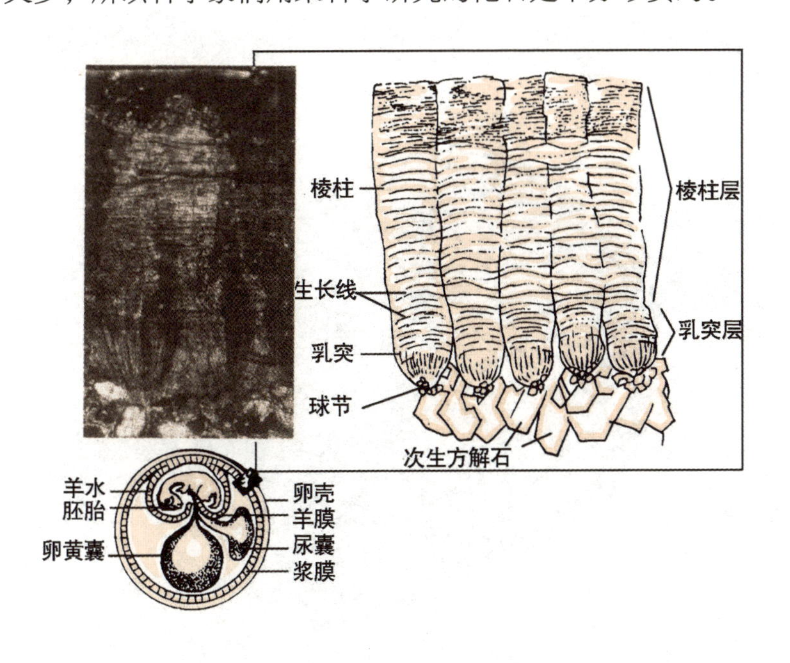

恐龙蛋壳化石的显微结构

也正是因为含化石的岩层常遭受到地热与压力的作用，所以骨骼与牙齿在化石形成的过程中，经常受到挤压而变形，它们的细微构造往往非常模糊。有时候化石标本变形得非常厉害，以至于古生物学家们也常难以判断一些化石与岩石结核的区别。形成化石的周围岩石的成分不同，石化作用的环境不同，就往往造成化石骨骼的充填物质和颜色的不同。这就可以说明为什么同一种生物，它们的化石可以有不同的颜色。例如在戈壁粉砂岩中出土的恐龙化石骨骼是灰白色的，在我国四川盆地红色岩层中的恐龙化石是红色的，而美国西部侏罗系（侏罗纪时期形成的地层）产的恐龙化石却是黑色的。更奇妙的是，在澳大利亚中部的早白垩系（白垩纪早期形成的地层）的海相地层中，产有大量的流光溢彩、

锥叶蕨化石

颜色华美的海生贝类、菊石、蛇颈龙化石，它们是一些高档次的宝石，被称作“蛋白石”，用它们所做的首饰堪称首饰中的珍品，价值连城。化石的颜色取决于取代物质的成分，有钙质、矽质、铁质的，也有炭质的，如某些植物的根叶、鸟的羽毛等常是黑色的炭化物。甚至有的同一块化石上的颜色也不一致，这和它周围的岩石有关。在科学博物馆或研究所里，科学家们经常收到化石爱好者送来的化石要求鉴定真假，它们有的看上去很像一只动物、一枚蛋、一颗心脏，但它们往往却是外形很像生物的石头，而不是化石。化石最重要的特征，是由有“生物构造”的有机体变成的“石头”。也就是说，看一块石头是不是化石，不能看它像不像某种生物，而是应该看它是不是由生命体变来的。

● 记录地球沧桑变迁的“史书”

古生物化石不但让我们知道许多逝去生命的故事，科学家们还可以根据化石推测地层的年代有多古老，而且可以知道这些地层当时的环境。比如，如果我们在一个地方发现了珊瑚化石，我们就知道这些地方原来是海洋，而且这一带原来是温暖地区，海水肯定清澈透明。这是由珊瑚虫的生活习性而推测的。再比如，如果我们找到的完整恐龙化石和成窝的蛋化石在一起，科学家们就可以知道这些地方原来是陆地而不是海洋，恐龙与它的蛋可能是被沙尘埋藏而形成化石。喜马拉雅鱼龙发现于我国的西藏聂拉木县海拔4800米的三叠纪晚期海相地层中，这使我们知道在1亿8000万年前，西藏一带还是一片汪洋大海，鱼龙遨游在古喜马拉雅海中。3500万年前的第三纪中期，印度板块的碰撞挤压使喜马拉雅山抬升，海水退出，逐渐上升为陆地，并越来越高，从而形成了地球上最高、最年轻的山脉。从不同高度采集到的植物化石分析推算，第三纪末喜马拉雅山已上升到平均高度3000米，第四纪初继续上升到平均高度3500米，第四纪后期又上升到平均高度4500米，这些古地理结论都是根据化石资料推测出来的。

化石不但可以推测地质年代，它还带有许多生物进化的

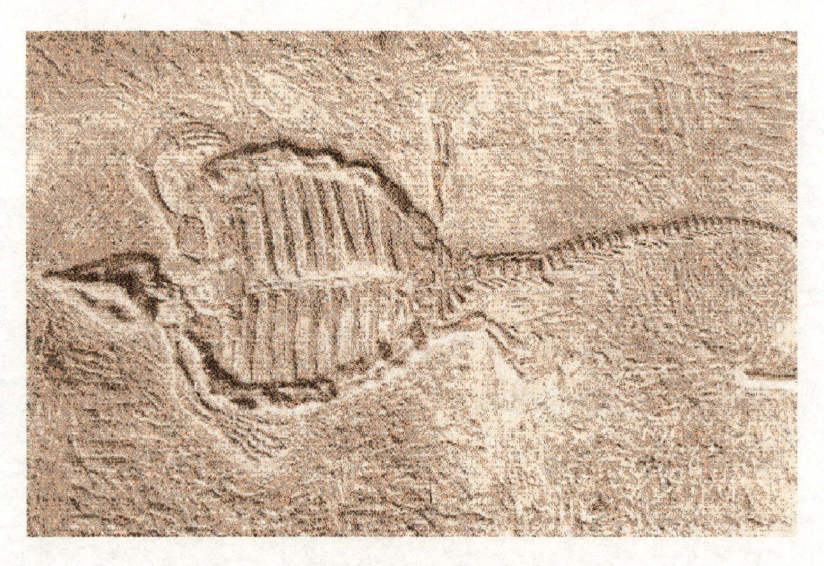

三叠纪海洋中的楯齿龙化石

信息。例如，始祖鸟化石被发现后，人们看出它的骨骼特征像爬行动物，它又有鸟类一样的羽毛。科学家们认为始祖鸟是介于爬行动物和鸟类之间的一种中间类型的动物，证明了鸟是由爬行动物进化来的。甚至通过观察恐龙蛋的巢穴，我们还可以看出某些恐龙与鸟一样有亲子行为呢！我国辽宁省西部地区一带，羽毛恐龙化石的发现拉近了恐龙与鸟类的关系，证明了鸟是恐龙的子孙，这引起了全世界的轰动。近年来，科学家们从化石中提取并分析了一些东西，如氨基酸、多肽糖、DNA等。人们在寻找新的方法、新的思路来了解消失灭绝了的生物。甚至有的人在大胆地想做复活恐龙，复活猛犸象的工作呢！俄国人和日本人正在联手寻找西伯利亚冻土带的化石资料，想用“克隆”技术复活它们。假如这些生物化石复活了，地球又该是怎样的一番景象呢？

● 地球上生命的年轮

历史学家在研究人类的历史时，根据人们使用工具的进步程度，将人类的历史划分成石器时代、铜器时代、铁器时代、电器时代等。在石器时代又可分为旧石器时期、细石器时期和新石器时期等。而地质学家和古生物学家们则习惯用年、世纪或千年来记录历史。

一般地讲，较年轻的地层出现在较古老的地层之上，一层叠置于一层之上，顺序地沉积下来。只要你注意，这种现象在海滨、湖边和河岸都能看到。地质古生物学家们把这种现象叫作地质叠层。在地球的历史上，不同的地质时代生活着不同生物。在过去的几百年内，由于各国科学家们共同的努力，人们已大体认识了生物进化漫长的历史和发展过程。

根据生物的进化、化石群的变化和地层学研究的成果，科学家们将46亿年的地球历史划分成：前寒武纪（46亿～5.7

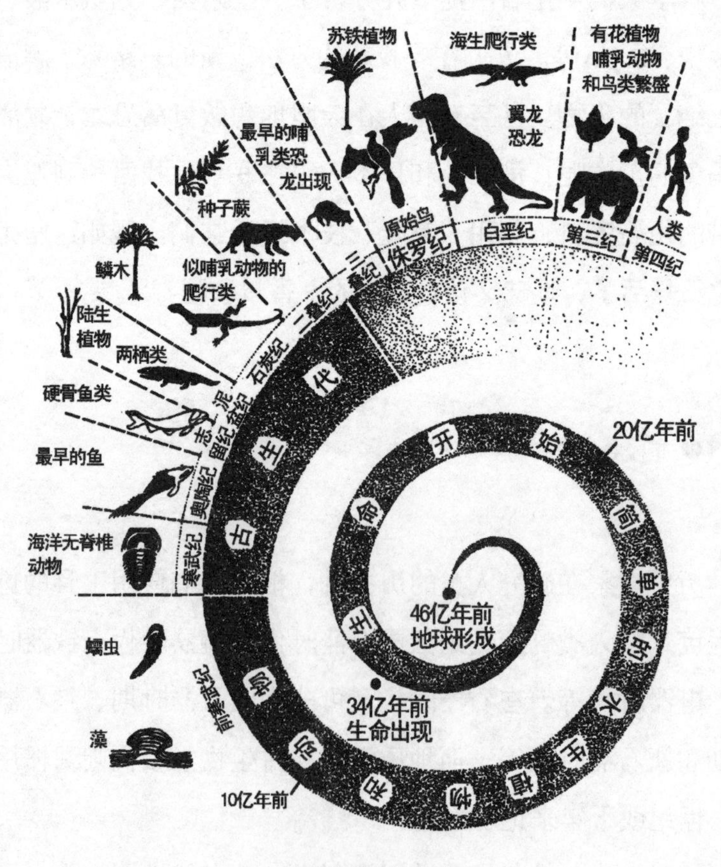

地球生命进化的彩带

亿年前，包括太古宇和元古宇）和显生宇（5.7亿~160万年前）。显生宇又可分为三个代：古生代（5.7亿~2.45亿年前）、中生代（2.45亿~6500万年前）和新生代（6500万年前至现代）。代以下又可分划出纪，纪又可再分为世。恐龙出现于晚三叠世，生活在整个中生代，在侏罗纪时达到繁荣，而到了白垩纪末期就灭绝了。从上面我们可以看出，这种划分方法是利用生物的进化阶段来确定地质年代的，所以每个时期所代表的时间长短并不一致，但它们却都是以代表性的生物群的“首次出现”及“灭绝”的先后作为识别该年代的“起点”和“终点”的。例如三叶虫的出现与消亡，所经历的时间，划作古生代。恐龙的灭绝，代表了中生代的结束，新生代的开始。

放射性的魅力

从上面谈到的我们可以看出，利用生物化石确定地质年代只能是时间上的相对顺序，并不能准确说出距今多少年的定量数字，而且在地球历史上早期的化石稀少，而生命出现以前则根本没有生物化石的形成。怎么办呢？科学家们自有办法。他们已经找到了测定地质年代的“时钟”，这就是放射性元素。我们都知道，构成物质的各种元素都有数目不等的同位素，同位素又包括稳定同位素和放射性同位素。岩石中含有天然放射性同位素，放射性同位素都以自己恒定的速度进行自然衰减，基本上不受外界环境的影响。科学家们把放射性同位素减少（蜕变）到原来的一半所需的时间叫作半衰期。原始的同位素称作“母元素”，衰变之后的非放射性物质称作“子元素”，如常用的钾—氩法（半衰期是13亿年），铀一铅法（半衰期是7.1亿年）。如果我们知道了它们的半衰期，而且测定了母体同位素及子体同位素的数量，就可以计算出矿物或岩石的地质年代。假若具有放射性的母体元素半衰期是10年的话，那么经过20年之后，母体元素仅残留原来的1/4，经过30年仅存1/8。目前，科学家们已经准确地掌握了许多同位素的“蜕变”速度，也就是知道了它们的半衰期，因此可以非常自如地利用它们作为地质时钟。这种分析放射性同位素的方法确定的岩层年代是绝对的年龄。你也许觉得奇怪，为什么地质年代的计时单位是百万年之久，这似乎是不可思议的，但是与地球46亿年的历史相比也就不足为怪了。

当火山喷发，岩浆从原先融熔状态成为固态岩石的时候，通常它们含有构成岩石结晶的放射性元素。这些放射性元素持续地发生蜕变。科学家们可以利用高灵敏度的仪器，去测量母体元素与子体元素的相对比例。在它们相对比例与半衰期都知道之后，那么岩石从冷却凝固之后经历了多少地质年代，就可以计算出来。世界上最古老的沉积岩发现于格陵兰的拉布拉多，距今大约38亿年；人们已发现有可靠记录的地球生命在南非的翁弗尔瓦赫特岩层中，距今已32亿年，它们均是通过岩层所含的放射性元素测得的。

近年我国辽宁省西部发现了丰富的早期鸟化石，如孔子鸟、辽宁鸟和“长羽毛的恐龙”：中华龙鸟、尾羽龙等。化石的产出岩层在含火山灰的湖泊沉积的页岩中，科学家们称它为热河群。自20世纪20年代以来，有关热河群的沉积时代问题就一直是困扰中国地质古生物学界的难题。不同的科学家从各自研究的化石门类着手，来探寻热河群的地质时代，大家至今未能达成一致的意见，然而他们的观点归纳起来大

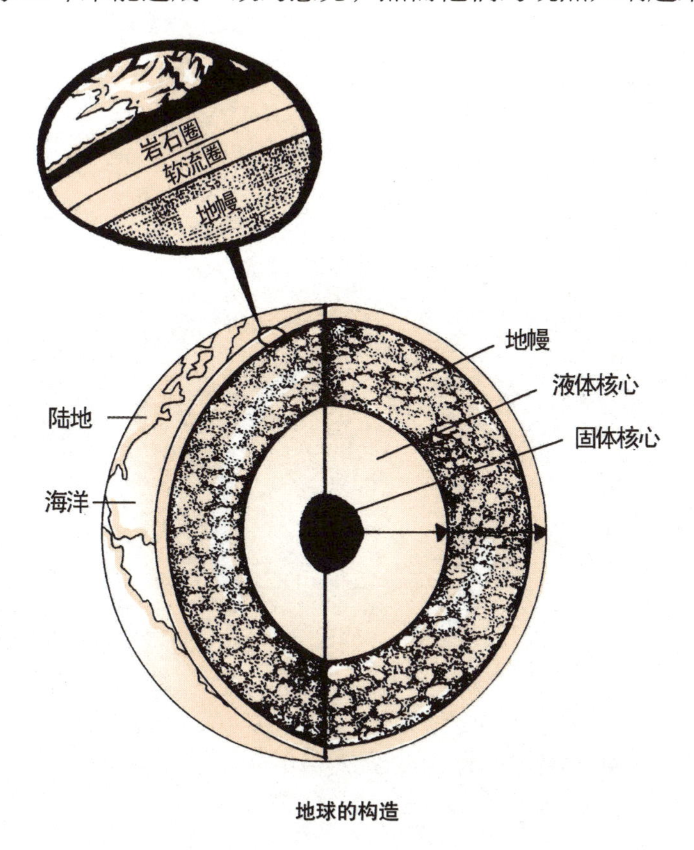

地球的构造

体有三种即：晚侏罗世；晚侏罗世—早白垩世；早白垩世。古鸟类学家认为孔子鸟的形态与德国产出的始祖鸟近似，时代也大致相当，即侏罗纪晚期，大约在1亿4500万年前。使用火山灰中铷—锶同位素测定，得出的年龄是1亿2500万年，沉积时代是早白垩世，这一结果解决了人们争论多年的问题。

二、生命的起源

● 生命是什么

在地球上，我们到处都可以看到有生命的东西，比如有血有肉的动物，绿色的植物，还有细小的微生物等等，这些都是有生命的东西。那么，到底什么是生命呢？你可能会说：生命就是可以活动的东西。这样的回答是不正确的。潺潺流水、飘动的白云都是可以活动的东西，但这两种东西都没有生命。科学家们认为，看一种东西是不是具有生命，主要有两条标准：首先，凡是生命都必须具有自我复制、繁衍后代的能力。我们注意观察一下周围的动物、植物、微生物就会发现，它们都具有繁衍后代的能力。一些动物通过卵生或胎生繁衍自己的后代，一些植物则可通过种子延续自己的生命。其次生命都具有新陈代谢、吐故纳新的能力。从我们人类这种高等的动物，到非常原始的微生物，都具有吸收外界的新鲜物质、排除自己体内废物的能力。这是维持生命活力的根本，也可以说是生命的本质所在。

● 生命自生论说

自古以来，人类关于生命的起源就有许多的猜想。生命自生论是最古老的一种说法，这种观点认为生命是由非生命物质自生来的。古希腊人相信蚊子和跳蚤是从腐烂的东西里产生出来的；蝌蚪、蠕虫和许多小的生物是从泥土里孵出来的；苍蝇是从腐肉里产生出来的。在中世纪的时候，小孩子们被告知虫子是从面粉里生出来的。我国古代就流传着“腐草为萤”的说法，这就是说萤火虫是从乱草堆中生出来的。这些说法我们今天看起来都非常幼稚可笑，但在中世纪之前许多人都相信这种自生论的说法。

17世纪意大利哲学家瑞蒂做了一个实验，他把腐肉用纱布盖起来，就不会像通常那样产生蛆，而如果不用纱布盖起来，苍蝇把卵产在腐肉上，那么就会生出蛆来，而且还会变成苍蝇。瑞蒂的实验证明了蛆在腐肉中不是自生的，而是苍蝇卵产在腐肉里才能生出蛆来。一个世纪之后，意大利神父斯巴兰扎尼做了另外一个实验，他把肉放在一个密封的容器里煮沸，甚至在煮前肉已经污染了，但也没有小生物产生出来。他的这个方法很快就被人们用来保存食品，这样罐头食品出现了。

法国化学家巴斯德的实验是人人皆知的。他把肉放在曲颈烧瓶里煮成汤，瓶颈先往下弯然后再向上翘，他让瓶口敞开，冷空气能够自由地进入瓶内与肉汤接触，而尘埃和微粒沉积在瓶颈弯曲处的底部，不能进去。结果肉汤里就没有生长出微生物来，也没有任何生命迹象。然而，瓶颈打破后，尘埃颗粒和空气直接与肉汤接触，肉汤很快就能生出微生物。巴斯德的实验彻底否定了生命自生论说。

● 生命宇生论说

生命起源的第二个理论是宇生论说。宇生论者们认为生命的“原基孢子”是从太空中偶然来到地球的。这一理论一开始就遇到了两个难题，使它很难得到人们的承认：首先是在太空那样极冷、极热、极其干燥的空间环境中，又有强烈的辐射，这样脆弱的“原基孢子”是如何通过太空来到地球的，它们在这种恶劣的条件下还能保存活力，实在很难令人信服。第二点是这种说法不能解释“原基孢子”到达地球后是怎样开始复制生命的，它们在不同的地球环境中又是如何保存活力的。

尽管宇生论说遇到了各种各样的难题，但是近年来，宇生论被天文学家豪利和威克拉玛幸霍又重新提了出来。我们知道，陨石有三种类型：铁陨石、石铁陨石和石陨石。在石陨石中有一类碳素陨石，豪利和威克拉玛幸霍认为碳素陨石带有残存的有机物——氨基酸，生命可能通过这种途径穿过大气层来到地球。1969年，在澳大利亚的麦启逊上空爆炸了一颗碳素陨石，科学家们收集了它的碎片，从中分离出了少量的氨基酸，这些氨基酸一共有18种，其中有6种在活组织的蛋白质中存在。但有些科学家不同意这种氨基酸是“宇宙生物”的体内物，他们认为这些氨基酸是在碳素陨石进入大气层时与大气中的氮气和水汽相遇时产生的，是“途中”生成的化合物，因此，这些氨基酸并不能证明是太空自有的。但是，随着宇航工具的发展，天文观测手段的精深，生命来

坠落于我国新疆准噶尔盆地的陨石重达30多吨

自外层空间的假说已不再是天方夜谭，而是作为一个科学研究命题在探索。“外星人”到过地球就是媒体、科幻等最大的卖点；“飞碟”入侵地球，更是耸人听闻的故事。尽管这些说法到目前都还没有科学证据，但引起的一次又一次的轰动效应却是千真万确的。

● 地球生命的诞生

目前，无论天外来客的说法多么热闹，大多数科学家仍然相信生命孕育于地球。他们认为生命起源经历了两个阶段：化学进化阶段和生物进化阶段。

苏联科学家奥巴林的化学进化说最具代表性。奥巴林告诉人们，原始的地球大气与今天的大气非常不同，原始大气富含氢、氮、二氧化碳、水蒸气，但是没有氧气。在紫外线辐射的作用下，水分子分裂并释放出氧气，有些氢与碳化合成甲烷，与氮化合成氨。在原始的条件下，这些分子结合成越来越复杂的化合物，这些化合物最终导致了生命的产生。可见，生命的起源实际上是一系列的化学反应过程，然后就开始了生命的进化，事情就是这样。

科学家们认为在地球的早期，地球逐渐冷却了下来，但它的内部温度仍然很高，火山活动频繁，不断喷出大量的气体、水蒸气，地壳也在不断地发生强烈运动，有的地方隆起形成高原山峰，有的地方下陷成为山谷和低地。大气围绕着地球，在地球的旋转和地心引力的共同作用下逐步形成了大气圈。大气中的成分主要是氮、氢、二氧化碳等气体，原始的地球缺少氧气。可能在地球生成后的很长一段时间，水仅作为一种超热的蒸汽存在于大气圈中，热的蒸汽上升到气圈外层，遇冷密集成雨降落下来，在降到地球前又变成蒸汽上升。后来当地球逐渐冷却到了允许雨水降落到地球表面时，低凹的地方就逐渐形成了湖泊、沼泽等，在最低的地方就形成大的水体——原始海洋。当时的海洋中含盐量很少，适合化学溶解和反应的条件就形成了，整个地球成了一个大坩埚，坩埚里无序地进行着各种各样的化合物的反应。

在这里，碳、氢、氧和氮彼此在反应、结合，在外界物理、化学条件（热、雷电、无机元素）的催化下形成了有机物或有机物的“先驱”分子如甲烷等。有机物反应可形成多键的类糖类，这些大的有机物趋于形成胶合物，溶解在水中。这种胶合物的微粒相遇融合逐渐形成复杂构造的凝聚体，这样的凝聚体可在表面上形成一种原始的“界膜”，这样的“界膜”把多个胶合物包围起来，就形成了单个的团粒子。现在的科学实验证明，细胞生物反应一般在具有半渗透性界膜的吸附下更容易进行。“凝聚体”的形成是生命起源中的重要一步。

科学家们曾经试验过多种人造的凝聚体，他们在实验室里可以得到这种类似的反应。20世纪50年代，美国科学家米

科学家们设想的凝聚体

勒做了一个在科学史上有名的从无机物到有机物演进过程的模拟实验。他模拟原始地球上的大气成分，用甲烷、氨气、氢气、水蒸气混合，通过放电火花，紫外线照射模拟太阳能，在一周内，反应产物中合成了11种氨基酸，其中有4种存在于天然蛋白质中，如甘氨酸和丙氨酸。氨基酸进一步的连接就是多肽，多肽再进一步地连接起来就会形成蛋白质。然而，蛋白质的形成却成了最大的难题，有的人认为这可能是因为缺少一种酶的催化。

凝聚体继续进行无序的反应就可以形成更大的团粒子或破裂成小的团粒子。在这个过程中最有可能形成的是酶，酶能加快或者促进这种特殊反应的速度。所以，这样的酶就叫作自动催化物，DNA的复制就是在酶的催化下完成的。在早期的地球历史中，这种自动催化物可能就在原始的海洋中形成，这样具有生命特征的自繁特性就产生了。DNA的确就是最重要的自动催化的产物。像今天的病毒一样，原始的生命开始可能仅仅是核蛋白，这些核蛋白最终形成了更为复杂的有机物质。有人把这称作“前生物阶段”。

● 病毒发现的启示

病毒的发现为科学家们研究生命的起源带来了曙光。病毒是目前人们所知的结构最简单的生命。但今天我们所知道的病毒不可能是高级生命的祖先，因为目前存在的病毒是寄生的，它们常常引起一些严重的疾病。寄生的病毒应该是那些自由生活病毒的后代，但是今天的病毒却表现出了有生命特征和非生命系统两大特点，这提示我们病毒可能就是介于生命与非生命间的过渡物质。病毒缺少核糖类物质，不能代谢，但是病毒有化学代谢机制。一个病毒实际上是由一个核酸体被蛋白质的壳围着。与遗传物质基因一样，病毒通常也可以产生不变化的个体。也就是说，病毒也能产生变异。

但是，病毒不同于我们一般所知道的生物，这是因为病毒不能呼吸。病毒最明显的特征就是表现出非生命系统，它们可以形成晶体被蓄存起来而不失去活力。1935年，科学家们第一次发现结晶病毒不但可以引起烟草病，而且结晶还可以转变成核蛋白。化学的纯化不仅证明它们可以形成结晶，而且当病毒的悬浮液被离心时，它们可以形成明显的沉淀界线。如果将病毒破碎成蛋白质和核酸，则两者都没有活力。然而当再重组它们时，就能形成有感染活力的病毒。因此，科学家们认为病毒和生物是同源的或是接近同源的。他们认为病毒正好是处在活的生命和死的非生命的界线处。病毒是生命和非生命的中间类型。从这里我们可以得出生命来自非生命物质，也就不足为怪了。

● 马古利斯的理论

共生在生物界是一种普遍现象。如有一种放射虫在它体内“饲养”着比它们更小的生物即单细胞的黄藻。黄藻生活在放射虫的体内，与放射虫成为生活上相互依存的伴侣。共生的藻类均匀地散居在放射虫胶质层中，有时这种藻类可多达数百个，透过阳光进行光合作用。藻类生活在放射虫体内或许是可以得到适当的庇护，当放射虫饥肠辘辘时，共生藻就可能是放射虫现成的食物。人们将这种现象归于生物之间

中华细丝藻化石

的相互利用。受此启发，美国科学家林恩·马古利斯打破生命起源的传统说法，认为共生可能是产生生命的途径，这就是生命共生起源论说。

早期的地球是缺氧的环境，鞭毛藻是需要氧气的，而鞭毛藻内的叶绿体能进行光合作用，产生氧气，所以科学家们认为鞭毛藻与鞭毛藻内的叶绿体实际上是一种共生。蓝绿藻生活在池塘小溪、烂泥沼泽和湖滨海滩，虽然它们大多数独立生存，但有些蓝绿藻也与极不相同的伙伴共生，生活在绿色植物叶子的叶脉、根的皮层和茎的腺体中。许多科学家认为细胞的细胞核是古细菌的后代，而蛋白质的合成代谢是起源于一种喜欢酸性的耐热细菌，细胞的线粒体则是由蛋白细菌进化来的。过去曾经独立生存的植物的叶绿体是经过长期的进化而融进蓝绿藻的，最后形成了蓝绿藻的不可缺少的一部分，马古利斯把这种融合现象叫作“内共生论”。

共生是30亿年前生命一诞生就存在的一种现象，今天许多生命仍在进行着共生。科学家们推测，生命在30多亿年之前就诞生于地球了。最早的生命诞生于海洋中，他们认为，原始的海洋中盐分很少，与现在的淡水差不多，这就为核酸、蛋白质等这一类生物大分子的进一步演化提供了有利的自然环境。经过长期的演变进化，原始生命的内部结构逐

武定虫化石

渐复杂化。特别是细胞膜的形成，代替了原始生命的“界膜”，转变为具有最初生命形态的原始细胞。

早期这种简单的生命之间相互“共生”融合的结果，诞生了有新陈代谢和繁殖后代能力的原核生物。科学家们已经在南非德兰士瓦、澳大利亚昆士兰距今32亿年前左右的岩层中找到了球形和椭圆形的细菌化石，这些细菌化石的直径约为0.1～0.75微米。在距今35亿年前的澳大利亚沃拉乌拉发现了圆顶状层状的叠层石。在北美洲巩弗林特燧石层中，发现了距今19亿～16亿年前的细菌遗迹，直径约为1微米。在非洲有一个叫布拉瓦的地方发现距今30亿年以前地层中的蓝藻化石。所有这些均是早期生命的痕迹。

20世纪80年代，美国古生物学家巴洪和诺尔报道，在南非的斯威士兰的古老堆积中发现了距今34亿年以前的生命。他们认为在电子显微镜下可以看到与原核藻类相似的古细胞化石，这些古细胞已有平滑的有机质膜，有的膜里包着有机物。古细胞呈椭圆形，直径2.5微米，有的细胞正在分裂成两个细胞。假如他们的观察无误的话，那么，生命起源就可追溯到34亿年前了。进化是生命追求更高层次的最伟大的统一原则。一方面生命在不断地变异，另一方面生命组成的基本分子和化学过程又是相对稳定的。所有的生命都是由基本的化学物质组成的，它们是一些特定的糖、氨基酸、脂肪和核酸。生命有着基本相似的代谢和复制过程，现在地球上的千百万种生物是从34亿年前的祖先那里起源和进化来的。

25亿年前最古老的真核生物化石

三、藻类统治的世界

● 叠层石——最古老的生命遗迹

如果你到过北京，去过人民大会堂和北京火车站的贵宾接待室，你就会发现，在人民大会堂光彩的石柱上和北京火车站的贵宾接待室的墙壁上镶嵌着的花团锦簇和如云似雾的花纹的石头。但你不要以为那是人工制作的，那可不是普通的石头，那一圈圈儿叠加的环状放射花纹的石板，实际上是8亿年前海生藻类形成的叠层石灰岩。在前寒武纪的海洋中，除去单细胞的蓝藻外，还有漂浮于海面的多细胞的丝藻。那时，这些藻类早已经普遍地出现在一望无际的古海洋中，它们分泌钙化层，堆积在海底并形成馒头状的藻类叠层石和巨大的锥状叠层石。

5.7亿年前的前寒武纪地层在我国分布很广，因古代印度人、欧洲人称中国为“震旦”，所以，我国古生物学家一般

在澳大利亚的鲨鱼湾的浅海层中的叠层石

把这个时期称作“震旦纪”，现在国际上一般称这个时期为前寒武纪。这个时期的地层含有大量的藻类化石，它们积累成厚厚的岩层——叠层石灰岩，这种岩层经过加工就成了一种十分美丽的名贵建筑装饰材料。古海洋中的叠层石，主要是绿藻的群体和丝状体。丝状体是由许多形态相同的细胞联结而成的。它们大多生活在20～30米深以内的浅海中，固着在海底，随着季节的变化，它们以不同的速度生长，每年都有生长和停止生长的季节。这种生长也受海潮涨落的影响，这样就形成了生长的层理，一圈儿一圈儿的叠层，古生物学家就称之为叠层石。叠层石常常组成极大的锥层叠层石或简单连续的柱层叠层石，形成礁体。现在的叠层石多在澳大利亚的鲨鱼湾的浅海中，其构造与前寒武纪的叠层石非常地相似。另外，科学家们在安徽省寿县、怀远一带，8.4亿~7.4亿年前的地层中还发现了一批类似于现代海生须腕动物的多细胞的实体化石。

● 原核生物的繁荣

距今34亿年前，海洋里出现了原核生物。这些生物非常微小，在显微镜下我们才可能看到它们，它们是一些没有明显细胞核的生物。原核细胞仅有类似细胞核的核区，但没有核膜包围，形态不定，与细胞质分界不明，细胞质和核区少许染色体分布在整个细胞中。蓝藻是比较原始的原核生物，然而不管怎么说，从进化上看，这些生物比细菌要进步。蓝藻已有光色素，在阳光下可由二氧化碳和水合成糖，制造营养，所以它们靠自己就能生存。也就是说，它们是自养型的。细菌和蓝藻都是“原核生物”。蓝藻可能在34亿~33亿年前就开始出现。科学家们从早期蓝藻化石上就可以看到最原始的蓝藻，它们是一些简单的单细胞蓝球藻类。在25亿年到17亿年前，出现了水生的丝状体的蓝藻，它们成群地生活。到15亿年前之后，尽管其他藻类也已经出现，但蓝藻仍然很多，所以有人就把前寒武纪又叫作蓝藻的时代。

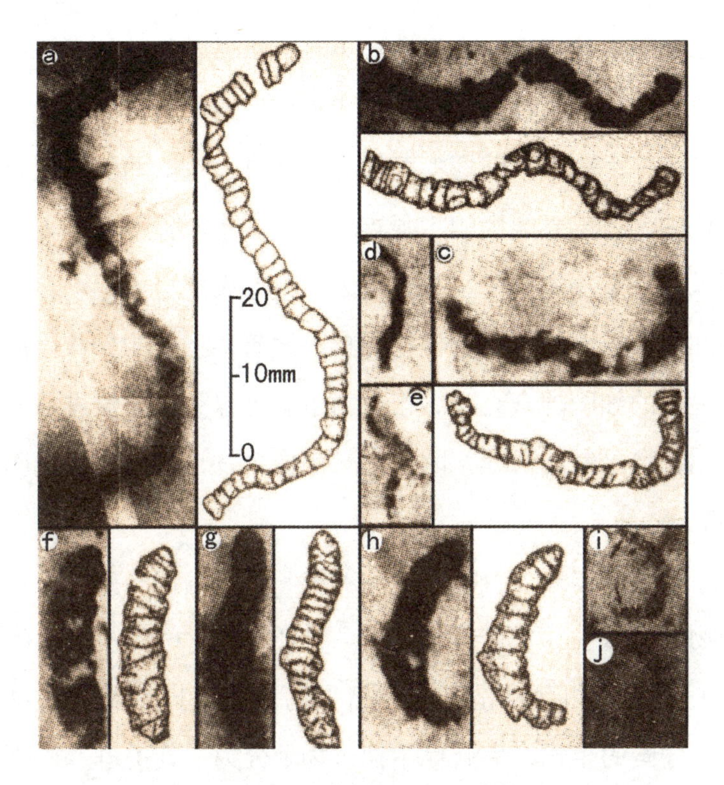

6亿年前，前寒武纪海洋中的藻类

藻类世界的风采

我们常常说生物的进化是“从阿米巴虫到人”，这个说法现在看来越来越不准确了，因为最早的生物形式比阿米巴虫要原始得多。最早的生物应该是光合细菌或是一类生活在原始海洋中的单细胞藻类。目前，科学家们普遍认为，鞭毛藻是最早的生物之一。鞭毛藻比阿米巴虫要原始得多，可能是阿米巴虫的祖先。在显微镜下我们可以看到，鞭毛藻的外形呈长梭形或圆柱形，在它的“体躯”前端有一个凹口，由此伸出一根鞭毛，能摇摆推动自己前进，在口凹的下方有一红色的、有感光能力的“眼点”，故它也叫作眼虫。人们之所以把鞭毛藻叫作“虫”，是因为鞭毛藻能自主运动，它能靠细胞膜吸取水里的有机物为食，过着动物式的异养生活。但眼虫的细胞内含有叶绿素，由于有叶绿素，它能进行光合作用，自己制造营养，因此它又很像植物，所以人们也叫它鞭毛藻。

鞭毛藻和许多有叶绿体的藻类一样，它们的确有植物和动物的两重性，它们都是处在动物和植物之间的一类生物，这说明植物和动物是有共同祖先的。根据自然界的这种现象，德国的生物学家赫克尔把生物划分为三大类群：原生动物（微生物）、植物和动物。这一划分体现了生物的生活方式和进化关系，现在仍然被人们普遍使用着。

但是，鞭毛藻已是比较复杂的生物，它可以看作是动物和植物的起动点。蓝绿藻则是更为原始的原核生物，它们的细胞核没有膜包着，形态不定，与细胞质分界不明。但是蓝绿藻已能自营生活，自己制造营养，它的光色素在阳光下能将二氧化碳和水合成糖。虽然细菌是比较简单的生命，但它们的细胞质的化学成分与高等动物、植物的细胞质的化学成分没有太多的不同。细菌和蓝绿藻被叫作“原核生物”，它们与细胞核被核膜包围着的“真核生物”有明显的区别。

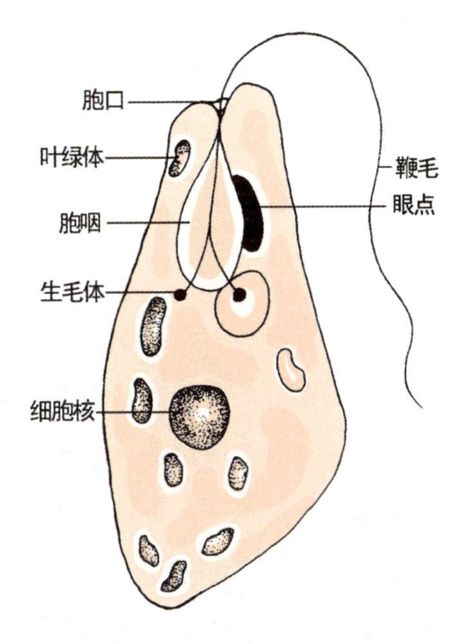

鞭毛藻

25亿～6亿年前，藻类在古海洋中开始繁殖，这个时期的蓝绿藻类已经有了能够进行光合作用和独立繁殖的能力，这是生命演化史上的一大飞跃。在海洋中，除了单细胞的蓝绿藻外，还有漂浮于海面上的多细胞的丝藻。这时，多细胞的丝藻已经普遍地出现在一望无际的海洋中，它们堆积在海底并形成馒头状的藻类叠层石和巨大锥状的叠层石。

在25亿～6亿年前，藻类不仅成为征服海洋的先驱者，随后也是它们成为了登上陆地的先锋。今天我们看到的花草、树木都是古藻类的后代。随着藻类的大量出现，它们释放出了大量的氧气，这预示着地球上郁郁葱葱的绿色世界即将到来。

真核生物的诞生和发展

在距今15亿～14亿年前，地球上出现了具有细胞核的真核生物。真核生物有了明显的细胞核，细胞核被核膜包围着。真核生物细胞的核膜具有半渗透性，在核膜外的细胞质内有细胞器，如线粒体、叶绿素等。真核生物包括蓝藻以外的藻类、真菌、高等植物和一切动物。

这个时期，藻类中出现了红藻类，例如有前管孔藻、多管藻和放射线藻等。这些藻类化石的钙化现象相当清晰，由致密、放射状排列的线体组成，它们的结构复杂。它们形成蘑菇状的叠层石礁体，与现代的珊瑚礁很相似。在我国大连一带，发现的红藻类锥体最大的长度可达数十米，最小的只有1米多。这些化石对探索藻类的起源具有重大意义。

伊迪卡拉生物群

在地球漫长的历史长河中，曾有过几次大的冰期出现。地质记录中最早的冰期是在距今10亿～6亿年前，这次冰期的延续时间和冰舌覆盖的大陆面积都远远超过了以后的几次冰期。这一冰期的记录较完整地显示在澳大利亚的乌贝拉塔那岩石群，该岩石群出露在澳大利亚南部的菲利的尔斯地区。这一冰期对生物的进化产生了重要的促进作用，也造成了地球上生命第一次大灭绝。这一时期出现了真正的多细胞动物。这就是菲利的尔斯地区的著名伊迪卡拉动物群。

伊迪卡拉动物群中发现有世界上最早的蠕形动物、水母类、海鳃类，以及与脊椎动物有着密切关系的棘皮动物的化石。在伊迪卡拉动物群中记录了有性生殖的发生和发展，这在整个生物进化过程中起着极其巨大的作用，它是生物发展过程中的一次巨大的飞跃。由于两性的结合，后代接受了父母两者的遗传物质，这大大地丰富了后代的发育和遗传的基础，增强了后代的活力，增强了种的变异性和对环境的适应性，为种族的发展和繁荣提供了更为广泛的选择。伊迪卡拉动物群是生命进化中的一次大爆发，这预示着生命春天的来临。

四、生机勃勃的大陆

● 陆地植物的起源

在古老的水域中，生物从细微的细菌和单细胞的蓝藻、绿藻，发展到躯体巨大的多细胞绿藻、红藻和褐藻。在自然界里，生物一直在不断地进行着争取空间和日光的斗争。它们不满足于水域中的生活，一旦条件允许，它们就会向陆地上发展。根据现有的化石资料，科学家们发现，在志留纪的晚期才有最原始的陆生维管植物——裸蕨植物的出现。

目前，多数科学家相信，裸蕨植物是由藻类起源的。但是，它们究竟是由哪类多细胞的藻类演化出来的，人们仍存在着不同的意见。有人认为，最原始的裸蕨——光蕨的形态与褐藻类有着相似性。比如，它们有着相似的二叉式的分枝；裸蕨的世代交替与褐藻类类同；裸蕨的性器官与褐藻类的多细胞性器官有相似性，因此，认为裸蕨有可能是由褐藻类进化而来的。但是，也有人认为，褐藻类中的藻褐素抗光性较差，在强烈的日光下容易分解，所以褐藻和红藻一般生长于水深在几米到20米开阔的潮汐海湾中，这里距离陆地较远，因而他们认为褐藻并不容易顺利地进化成新的植物，成为陆地的主人。

最早的陆生裸蕨植物的色素与绿藻是一样的，与其他高等植物也一样。色素是植物的基本特征，它们在光合作用中担任着极其重要的角色。绿藻的细胞壁和高等植物的细胞壁一样，主要成分是纤维素。绿藻和高等植物在细胞中都储藏着淀粉。由于绿藻具有这么多的性状与高等植物相同，因而，一些科学家认为维管植物的祖先可能就是绿藻。今天，在陆地上还有不少的绿藻着生于树皮、岩石或湿润的地上。也许它们中的某一类群进化成了裸蕨植物，进而再进化出其他的陆生高等植物，最后出现了被子植物，从而成了当今陆地的主人。

● 最早的登陆植物

大约在距今4亿多年以前的志留纪晚期，部分植物开始由水生向陆生发展。这时，水域中的藻类通过光合作用，把水分子中的氧分子释放出来，扩散到了大气之中。那时，大气中的含氧量已经达到了今天大气中含氧量的1／10，初步满足了植物到陆地上生活的最低要求。在距离地面上空20～40千米的大气层中，游离的氧分子经过电解成为臭氧，形成了一个相当厚的臭氧层。臭氧层可以减弱或吸收过分强烈的紫外光，保护生物免遭辐射杀伤，从而使生物可以离开水域，安全地生活到陆地上。在这一时期，地球上出现过一系列的剧烈的地壳运动，陆地抬升，海水撤退，许多地区的浅海转为低湿平原、高地，出现了无数的大小不等的土壤肥沃的洼地、湿地，气候湿热。这种条件，使植物有了向广阔陆地发展的可能。

植物从水生过渡到陆生，经过了一个极其复杂而漫长的进化过程。它们必须具备吸取土壤中的水分和营养物质的器官——假根和根系。另外，植物为防止水分的丧失和进行气体交换以及水分和养分的运输还需要输导组织。在植物中，这种输导组织主要分为两部分：木质部和韧皮部。木质部负责运送根部吸收的水分和矿物质；韧皮部则把根部吸收的水分和养分进行同化作用后的产物，输送到植物体的各个部位。比如，要能维持生殖细胞的活动，以保证它们能顺利地产生后代，这种水分和养分的输送就是必不可少的。由于蕨类植物和种子植物都有木质部和韧皮部组成的输导系统，所以，人们把它们叫作维管植物。

光蕨是一种最古老的陆生维管植物，它发现于英国和捷克的晚志留世的地层中。这类植物高不到10厘米，它们的轴很弱，直径不到2毫米，与我们今天使用的普通火柴棍儿差不多。光蕨还没有真正的根，只具有位于地下、起固着和吸收养分作用的假根。它们没有叶，只有光秃秃的茎，所以叫光蕨。光蕨主轴上重复地分叉，在顶端长着一个圆形的孢子囊，因孢子囊内有孢子，所以，科学家们认为光蕨是裸蕨类植物。科学家们详细地研究了光蕨化石，发现它们的茎的木质部已有了管胞（一种纺锤形的管状细胞，首尾相接），细胞壁是由纤维素组成的。这些因素就保证了光蕨能在荒凉的陆地上屹立生长。在我国新疆泥盆系的地层中，科学家们已经发现了保存较好的光蕨化石。

光蕨化石

陆地植物的演化

以光蕨为先驱的裸蕨类植物成功地登上了陆地以后，蕨类植物大繁荣的序幕就拉开了。裸蕨类植物没有真正的根系，没有叶，还是过着半陆生的“两栖生活”。在早、中泥盆纪，裸蕨类植物极为繁盛，到了晚泥盆世时，它们就逐渐消亡了，继而代替裸蕨类植物的是它们的后代：石松、节蕨（楔叶植物）和真蕨类植物。

到了石炭纪时期，大气中的游离氧已经达到了现在大气中含氧水平的二倍至三倍。这时，地球上的气候十分温暖，而且土壤肥沃，为陆生植物的繁荣创造了十分有利的环境。就在这种情况下，地球上第一次出现了原始的森林。这是植物成功地征服陆地的标志，是蕨类植物大繁盛的时代。蕨类植物是用孢子繁殖后代的。一个孢子是一个细胞，里面储藏着营养物质，孢子脱离母体后，能够直接发育成新的个体。现在餐馆里有一种受欢迎的野菜，叫作蕨菜，这是属于凤尾蕨科的一种多年生的草本植物。如果你仔细观察它的叶子，在叶子背部的边缘上就可以找到许多小的凸包，那就是储藏孢子的孢子囊群。

蕨类植物已经有了专门制造营养的器官——叶。叶是由枝条扁化或由茎的表面生长出来的。有了叶，就扩大了进行光合作用的面积，就能更多地吸收利用日光中的能量。有了根，才能使植物体可以“盘根错节”地深入到土壤里，从而吸取更多的水分和矿物质，这时的节蕨植物和真蕨植物有了更加完善的输导系统，使蕨类植物成了真正的陆生的“子民”。这时候的陆生植物不仅有草本，也有木本；有一年生的，也有多年生的；有灌木，也有乔木。它们在滨海、湖泊和沼泽地区形成了茂密的森林，它们枯萎死亡之后，被冲到湖泊或沼泽中堆积在一起，经过几百万年的长期埋藏，经过炭化、变质，形成了煤层沉积。我国北方的晚石炭纪的煤田、南方的晚二叠世的煤田都很多，它们都是这样形成的。

石松植物是维管植物中的一个特殊的类群。它们具根、茎、叶。叶从枝面生出，细长如针，不分叉，螺旋式排列；根从根座上生出。它们的孢子体，不管是向上的枝或是向下的根座，都是典型的两歧式分叉。石松植物向着两种类型发展，一种是草本的，一种是木本的。木本的石松植物发展成乔木类型，如石炭一二叠纪时的鳞木和封印木等，多生于热带地区沼泽地中，形成沼泽森林。鳞木是一种高大的乔木，其高可达30～40米，直径可以有2米。它们的树干也是两叉分枝，狭长的叶子可以有1米长，叶片有中脉。在树干上具有螺旋状紧密排列的叶座，这是叶子脱落后留下的，叶座是叶的基部，突出于茎的表面，一般是菱形，看起来很像鳞片，所以叫鳞木。鳞木在2亿多年前的古生代结束时就灭绝了，现在人们只能在化石中看到它的雄姿。

节蕨植物也叫作楔叶植物，因其茎上有明显的节和节间而得名，现生的类群有木贼。节蕨有茎、叶和根。化石中最常见的是石炭一二叠纪时的芦木。芦木也是在沼泽中生长的高大乔木，叶子轮生在分枝的节上。芦木的叶子是由小枝扁化而来的，与鳞木的叶子不同源。

在古生代以及中生代另一类重要的造煤植物是真蕨类植物。真蕨植物的叶由枝条扁化、合并而成，与石松植物迥然不同。它们的叶子很大，常为羽状复叶，这种叶子叫蕨型叶。这种大叶有利于光合作用的进行。孢子囊生长在叶的背面或叶的边缘，可直接得到叶的营养。真蕨类植物一般生活

鳞木

在陆地上，少数在沼泽中生活，也有的附生在其他植物的树杈上。

蕨类植物的大量繁殖，促成了地球历史上原始森林的第一次出现，它标志着植物进一步征服了陆地。原始森林的出现为动物从水中走向陆地创造了物质前提，这预示着生物进化的新时代即将来临。

产于新疆晚三叠世的芦木化石

裸子植物

裸子植物顾名思义就是裸子植物的种子是裸露在外的，未被大孢子叶包裹，从裸子植物开始，植物开始了第一次用种子传宗接代，而我们前面谈到的各种蕨类都是用孢子繁殖后代的。但是，用孢子繁殖后代，有一个致命的弱点，那就是孢子的繁殖不能没有水。因此，依靠孢子繁殖后代的植物不能远离水域，只能在沼泽或潮湿的地区生活。从裸子植物开始，植物的繁殖改用种子。种子与孢子不同，它不是单细胞的，而是多细胞的器官，一般包括胚、胚乳、种皮等部分。种子储备了较多的营养物质，胚得到足够的营养后可顺利地发育成植物的幼体。种子的出现，在植物的发展史上具有重大的意义，它使植物进一步摆脱了对水的依赖，能够在干旱的环境中繁衍后代，是植物进一步征服陆地的一种适应。

裸子植物起源于一种叫作前裸子植物的蕨类，如科学家

4亿年前的蕨类植物——古羊齿

们发现的古羊齿类、戟木类化石都是这种蕨类植物，这种植物生活在4亿～3.7亿年前的泥盆纪中晚期。它既有真蕨类植物的特征，也具有裸子植物的特点。这类植物具有复杂的枝系，最末级枝小而扁化成叶子，叶子为羽状复叶。孢子囊中的孢子由同孢子发展到大小孢子的分化，进而进一步分化成异孢子。前裸子植物演化出了有“种子”的植物，人们把它叫作种子蕨。它们是一些乔木，高可达10米。种子蕨虽然有了种子，但还没有花，也没有“胚”。种子蕨虽然有了花粉粒，但却没有一般的花粉粒在萌发时所形成的“花粉管”。这些特点正好证明了它们是处于蕨类植物和裸子植物之间的中间环节。种子蕨的叶子是典型的蕨形叶，常为羽状复叶，与一般真蕨的叶子很像，不同的是种子蕨的叶子上有厚的角质层，这说明种子蕨更适合陆地上的生活。裸子植物出现于泥盆纪的晚期，大量繁殖的时代是从距今2.25亿年前的晚二叠世，到距今1亿年前的晚白垩世，随后即被被子植物代替。由此可见，裸子植物统治陆地大约有1.25亿年之久。

现存的裸子植物包括苏铁、银杏、松柏等类群。苏铁类起源于种子蕨，它们的种子生长在叶上。苏铁和本内苏铁在二叠纪开始出现，它们繁盛于恐龙时代。苏铁类的叶子很大，革质耐旱，叶片常分裂，羽状复叶。它们不仅是素食恐龙的食物，而且苏铁类和恐龙类一起构成了中生代独特的景观。有些苏铁类现在依然分布于热带和亚热带。我国目前就有现生的苏铁。而本内苏铁在晚白垩世时期就已经灭绝了。

银杏类和松柏类是人们最熟悉的裸子植物，它们多数是高大的乔木。银杏类最早出现于二叠纪早期，它们在中生代最为繁盛，而到了新生代其数量大减，目前仅有几种，因此，银杏常被称作“活化石”。现在我国许多庙宇中常栽有银杏，其果壳白色坚硬，是它的外种皮，俗称“白果”。银杏也叫“白果树”，在河南省登封市嵩山的嵩山书院里就有一株高大银杏树，树干粗达5米之多。据记载，在公元前100年左右，汉武帝到嵩山时，曾封此树为将军树，也就是说此树至少已有2100年的历史了。

松柏类是最著名的裸子植物，它们在石炭纪晚期就已经出现，到中生代后期达到最盛，现如今仍有500多种生活在

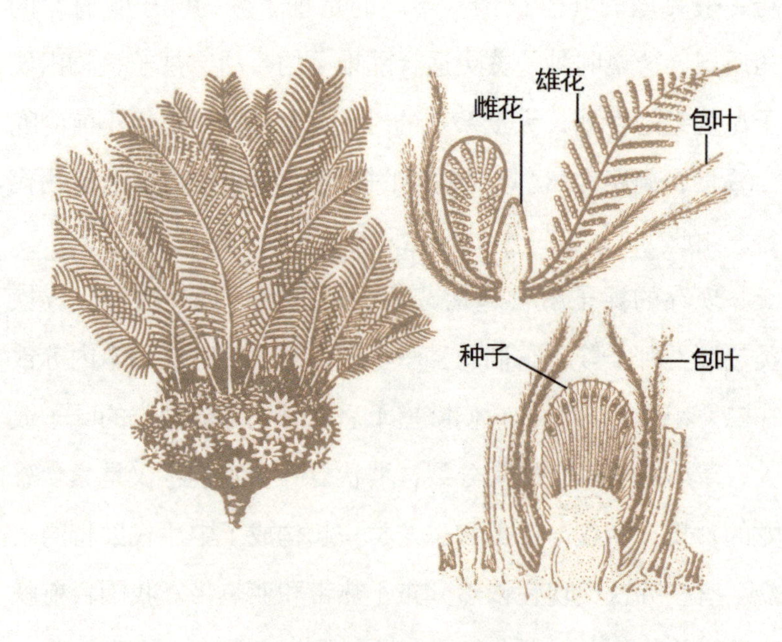

繁盛于恐龙时代的本内苏铁

古银杏和它的几种叶子

地球上。松柏类大多数为高大的乔木，北美的巨杉往往高达百米，主干直径可达十多米，为树木中的巨人。松柏类的叶通常细小，形如针或线形、鳞片形，叶面具厚的角质层，气孔下陷到表皮层中。这些形态说明它们有耐旱性，它们多数为常绿植物。

松果化石

被子植物

被子植物以花为其特征，因而人们也叫它“显花植物”或“有花植物”。被子植物是现今植物界最繁盛和最庞大的类群，现有近400科，27万余种。我国大约有343科，3.1万多种。在长期的演化与发展中，被子植物获得了较蕨类植物和裸子植物更大的可塑性和适应性，得到了更广泛的分布。被子植物与人类的生存和社会发展关系十分密切。人们吃的五谷杂粮：小麦、水稻、玉米、谷子等；欣赏的花卉：如月季、牡丹、玫瑰；穿衣所需用的棉麻都是被子植物。

但时至今日，世界上最早的花是什么样的？被子植物到底起源于哪一类植物？它们在何时、何地起源？这一系列耐人寻味的问题却没有得到明确的回答，它们一直是古植物学家们研究的热点课题。早在100多年前，达尔文在研究物种起源时，他就为一些问题而困惑。他发现，在距今1.35亿年前的白垩纪早期的地层中，突然出现了大量被子植物化石，然而他却又找不到这些化石的祖先类群，这是为什么呢？他认为这实在是不可思议的事。达尔文称其为“讨厌之谜”，他只能用化石的“地质记录的不完全”来解释。

多数古植物学家推测，被子植物的花可能起源于裸子植物的孢子叶球。一个典型模式的花是由花萼、花冠、雄蕊和雌蕊组成。花冠是由花瓣组成，原始的花瓣是螺旋状排列的，后来才出现了轮状排列。花瓣是由小的孢子叶退化而形成的。花瓣的细胞中含有各种花色素和芳香油，因此花朵才色彩艳丽，香气四溢。被子植物的胚珠包于子房之内，经传媒（风、虫、鸟等）帮助受精后，胚珠形成种子，子房形成果实，种子则包在果皮内，这样便于在各种环境中繁衍后代。

尽管经过100多年的努力，人们仍然没有发现可靠的被子植物祖先化石。多年以前，科学家们在法国和美国科拉罗多州三叠系的地层中发现了一种形似棕榈的大叶片化石，并叫它“萨米格叶”。科学家们曾把它当成被子植物，由于该植物的叶子无中脉和叶柄，后来证明可能是苏铁类。在印度的侏罗纪地层中出现过一种有次生木质部的植物化石，名为

“印度同型木”，有人曾认为它与被子植物的木兰类有关，后来查明该化石原来是本内苏铁的次生木质部。前几年，在我国媒体上也曾报道，在辽宁发现了侏罗纪被子植物化石，经查可能是一种裸子植物买麻藤类。目前，有关被子植物的起源推测很多，但迄今尚无定论，人们一直在寻找早期的被子植物化石。

1998年，在我国辽宁省北票市黄半吉沟村的晚侏罗世到早白垩世的地层中（距今1.45亿～1.24亿年前），中国科学院南京地质古生物研究所的孙革等人发现了迄今世界最早的被子植物——“辽宁古果”。“辽宁古果”较以往国际植物学界公认的最早被子植物化石要早1500万年。“辽宁古果”的发现使人们找到了被子植物在侏罗纪晚期确实的化石证据。这一发现有望最终解开达尔文的“讨厌之谜”。

“辽宁古果”化石标本保存的是生殖枝，它由主枝和侧枝组成，主枝长8～10厘米，侧枝长5～8厘米。生殖枝上以螺旋状排列着数十枚“蓇葖果”，长5～9毫米，宽1～3毫米，“蓇葖果”由心皮对折闭合形成，内含2～5枚胚珠（种子）。在生殖枝的下部还有10枚雄蕊，其花药2毫米长，内含似单沟状的被子植物花粉。“辽宁古果”显示了最早期被子植物的原始性：种子被果实包着，雌蕊和雄蕊兼备，又产有较原始的被子植物花粉。所以“辽宁古果”被认为：“是迄今唯一有确切证据的全球最古老的花。”“辽宁古果”的发现，为全球被子植物起源的研究提供了难得的化石资料。

“辽宁古果”——迄今全球最古老的被子植物

3亿6000万年前，石炭纪（因产煤而得名，因为日本人称煤为石炭）大型植物出现在沼泽地带，形成了煤层森林，软木质的树林从生在潮湿低地，两栖动物大规模地出现，高大的石松类、木贼类等孢子植物覆盖在广阔的原野上。蕨类、种子蕨类更为茂盛。柯达树高耸挺拔，大地一片生机勃勃。2亿9000万年前的二叠纪，动物的羊膜卵形成了，最早期的爬行动物出现在了大陆上。二叠纪结束时，生命进化史中最大规模的灭绝事件到来了。2亿4800万年前，三叠纪时期的“泛大陆”开始裂解，分成了南北两个大陆：欧亚大陆与冈瓦纳古陆。这时最原始的哺乳动物出现了，第一只恐龙和第一只翼龙也从古龙类中演化了出来。海洋中已有巨型的鱼龙在游弋，海底的泥滩上，体型像龟一样的盾齿龙，正在寻找着头足类菊石作为美餐。地球已搭好了舞台迎接它的新主人——恐龙的出场。

高耸挺拔的柯达树

五、生命大爆发

● 动物开始登场

生物产生之后，便迅速地开始了分化，这种分化至今仍然在进行着。从上面我们可以看到，动物从“亦像动物亦像植物”的原始单细胞藻类就开始与植物分道扬镳了。大约在十多亿年前，地球上出现了最原始的单细胞动物。它们是一群十分低等的动物，是由一个细胞组成的，科学家们把它们叫作原生动物。原生动物虽然没有真正器官的分化，却有了多细胞动物的一切主要生理机能。变形虫，也就是阿米巴虫是最有代表性的原生动物。如果我们从水池里汲取一滴水，在显微镜下就可以看到体形经常变、不断伸出伪足的阿米巴虫。目前，科学家们在我国贵州省翁安发现了5亿8000多万年前的微型多细胞动物化石，它们的体长约1毫米。而到了寒武纪早期的化石记录中便出现了硬躯壳的动物，有孔虫以及后来出现的放射虫都是这样的一些原生动物。

达尔文遇到的挑战

到了6亿年前，早期海洋中已不是藻类独占的领域，千姿百态的动物已开始在海洋中展开了激烈的生存斗争，一个生命爆发的时代来临了。我国云南澄江帽天山一带沉积着距今5亿3000万年前的早寒武系形成的细粒泥质层状岩石，它们是在浅海或三角洲前的水底斜坡上堆积而成的。岩层中含有丰富得多细胞动植物化石，保存完整，有的具有软躯体的、清晰的印迹和内部器官的构造。这些化石包括钩藻类、红藻类、有孔虫、海绵类、腔肠类、贝类、节肢动物、脊索动物和脊椎动物，现在生活在地球上的生物门类几乎全都出现了。这一动物组合称作澄江生物化石群。这些生物是在短短的几百万年的时间内大量涌现出来的，它们完全没有祖先的痕迹可寻。对我们人类来讲，几百万年的时间当然很长很长了，但以34亿年的生命历史这一尺度来比较，几百万年只是很短的一瞬间，在这一间隙生物在进化的过程中发生了第一次大爆炸式的发展。这与我们所知道的达尔文的生物是逐渐演变进化的渐变式理论不一致。澄江生物化石群的发现揭开了生物演化史上的宏伟篇章。它使我们认识到了生物的演变进化是跳跃式的，是时快时慢式的演化。

● 20世纪古生物学最惊人的发现

我们现在居住的地球是一个生机盎然的世界，你可能根本想象不到5亿3000万年前的大陆上是怎样的一番荒凉景象，那时的大陆到处是一片荒芜，尽管浅海中已有了多种多样的无脊椎动物，它们或隐藏在各类海藻丛中，或爬行在海底，但科学家们还没有找到任何陆生生物的痕迹。

海绵是最原始的多细胞动物。它们的成体往往是附着在海藻上生活，那时的海藻有中华细丝藻、螺旋藻和约克那斯藻等藻类。幼体则是到处漂浮。成体的体壁上一般有骨针和骨棒样的双层结构，体壁上有用于摄食和呼吸的小孔。我国云南澄江生物化石群中的海绵有细丝海绵、斗篷海绵、软骨海绵等。海绵至今仍然生活在海洋中，它们的进化较慢，亿万年来变化不是太大。

澄江生物化石群中最多的生物是节肢动物。这些动物的身体分节，出现了更先进的有关节的肢足，甚至有的种类出现了外骨骼，现在的虾、蟹、昆虫等都属这一类动物。在澄江生物化石群中，不论是种类还是数量，最多的动物是三叶虫和三叶虫状的节肢动物。三叶虫的身体上下左右都可分为三部分，背甲被两条纵沟分成左、中、右三叶；虫体可分为

中国科学院澄江动物群工作站

头、胸、尾三部分，所以得名三叶虫。它们的鼎盛时代是在寒武纪和奥陶纪，到了二叠纪末已完全绝迹了。云南虫、武定虫、莱得利基虫等都是寒武纪时最常见的三叶虫。

澄江生物化石群中的一些三叶虫状的节肢动物结构较简单，如网面虫、刺虫、尾头虫和海怪虫类。它们都有头节、胸尾节，头有覆甲和大大的眼，游弋在海洋中觅食。有的节肢类已有螯肢摄取食物，奇虾类是这一类生物中最大的食肉类动物，其体长可达2米，它们有一对捕食用的巨螯型前附肢，身体呈流线型，善于游泳，足肢已经退化，平时它们多潜伏在海底，等待猎物出现时进行突然袭击。

澄江生物化石群中最有意思的动物是腔肠类动物。我们现在熟悉的腔肠动物有水螅、珊瑚、海蜇等。那时，腔肠类动物已进化成了双胚层的动物，它们一般附着在东西上生活，但也有漂浮生活的。“先光海葵”是以发现澄江生物化石产地的我国科学家侯先光的名字命名的腔肠类动物。1984年7月，南京地质古生物研究所的年轻科学家侯先光，只身到达云南澄江帽天山一带采集古介形虫化石标本，他首次采集到一块保存完好清晰的软体化石。他敏感地意识到这块化石有可能与加拿大不列颠哥伦比亚州的寒武纪伯吉斯山化石宝库所产的化石相媲美。他在帽天山工作几天后返回了南京。1985年侯先光与他的导师张文堂一起公布了澄江化石群的发现，从此这里的化石考察工作一发而不可收，澄江帽天山也出了名。澄江生物化石群成了“20世纪古生物学最惊人的发现之一”。除了原始的海葵外，栉水母是最难得的一种化石，因水母体是柔软的，主要是胶质体，有口凹，凹口处有触手，很难保存化石。然而在这里却发现了帽天山囊水母和中华囊水母。水母

云南虫

抚仙湖虫

澄江动物化石

至今仍然生活在海洋中，也许你不知道吧，我们现在餐桌上吃的海蜇实际上就是水母。

多足缓步类动物是寒武纪时期海洋中非常奇特的一类动物。它们的身体近于圆柱状，腹部两侧有成对的腿，细长的腿没有肢节，腿的尖端有尖爪，善于攀缘。身前端有很小的嘴，可吮吸其他生物的体液。微网虫、怪诞虫、爪网虫和啰哩山虫等就是多足缓步类动物的代表。

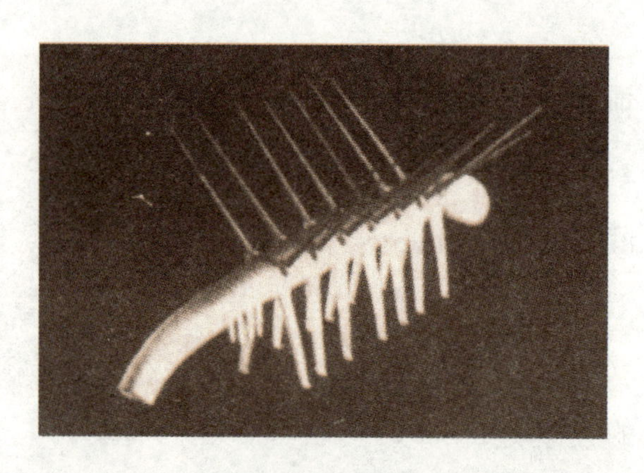

多足缓步类动物复原图

六、鱼类的时代

脊椎动物的出现

澄江生物化石群中最惊人的发现是脊索动物化石和脊椎动物化石的发现。这一发现使这两类群动物的进化历史向前推移了1500万年。

在动物界中，科学家们根据动物体内有没有一串对身体起支持作用的脊椎，也就是有没有我们平常说的脊梁骨而分成两大类：一类是没有脊椎骨的，我们把它们叫作无脊椎动物，如河里的虾、陆上的蠕虫、空中飞的昆虫都是无脊椎的；另一类是有脊椎骨的，我们把它们称作脊椎动物，如水里游的鱼、地上爬的龟、草原上奔驰的马，包括我们人类自己都有一串分节的脊椎骨。到目前为止，脊椎动物是生物界中最进步、最高级的一类生物。

科学家们推测有脊椎骨的脊椎动物是由脊索动物进化来

的。因为脊索动物有一条纵贯全身的脊索，脊索经过骨化就有可能进化成为脊椎骨。而脊索动物的来源有两种说法。我们知道，现今生活在海里的海星、海胆等，它们的身体是呈辐射对称的，身体的外部常常有钙化板或长着棘刺，所以叫它们棘皮动物。化石中的海百合、海蕾也是棘皮动物。这些棘皮动物在幼虫期是自由游泳的，它们是双侧对称的一类虫形小动物，它们的体内有一种胶质的类似脊索的东西支撑着身体，人们推测这可能就是脊索的原形。生物学家珂佛得认为环节动物是脊索动物的祖先，这类动物有多个神经索，最多的可达8个，其中有两个背神经索发育成了腹侧索，这就成了后来的背神经管的起源，其他的则全都退化消失了。

世界古脊椎动物学大师科尔伯特在他的著名《脊椎动物的进化》一书中，曾悲观地说："很可能我们永远也无法知道，最早的脊索动物是什么样子了，因为化石记录很难把它们的形迹保存下来。但它们必定是一些细小的、比较简单的动物，也不可能有坚硬的骨骼能成为化石。"直到20世纪80年代，科学家们对脊索动物的认识只能通过现在的一些生物物种来猜测。文昌鱼是现今生活在海洋中的柳叶状的小动物，我国厦门海域在海岸的近水浅潮带中就可以发现文昌鱼的踪迹。它们是一些半透明的鱼形动物，体长在25～27毫米，它们一生中的大部分时间是埋伏在沙质的海底中度过。文昌鱼没有脊椎骨，但有一条脊索作为体内支架，脊索上方是神经索，脊索的下方是消化道，这种动物没有明显的脑，

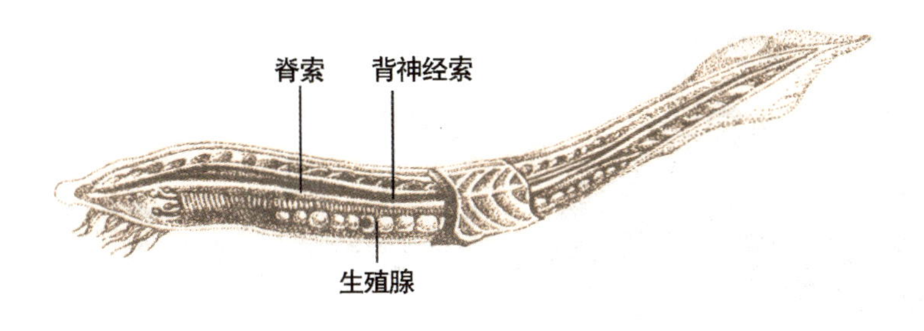

文昌鱼的结构

有两对脑神经，也无成对的眼。体前端有口笠，鳃裂多在身体前部两侧排列，有肌节和生殖腺。它们没有偶鳍，仅有一个小的尾鳍。

在澄江生物化石群中，云南虫是一种原始的脊索动物，体长为3～4厘米。它们有一个背鳍和一对腹侧褶，身体的前端有一口凹，体侧有“鳃裂”，有肌节，一条“脊索”纵串在背上。云南虫可能是游动生活的，它的体前有口笠。在澄江帽天山，云南虫化石是保存清晰的最早的脊索动物化石。在这里，我们看到了脊索动物5亿3000万年前的祖先形象。

以往最早的脊椎动物化石记录是在美国维奥明州发现的无颌类化石，它出现在上寒武系的海相沉积层中，这比澄江动物群化石晚了1500万年。现存的无颌类动物比较稀少，最著名的是圆口类的盲鳗和七鳃鳗。七鳃鳗体侧有一排7个小的圆形鳃孔，体形像鳗鱼，所以叫七鳃鳗。七鳃鳗的嘴是圆的，没有上下颌骨，嘴实际上是吸盘，在其发育的早期可以用吸盘来吸食小的有机物为食。七鳃鳗成年后过寄生生活，它们吸附在其他的鱼类身上，用嘴内锋利的“锉齿”将宿主

现存的无颌类——七鳃鳗（左）和盲鳗（右）

的身体锉开一个窟窿，以便钻入宿主的体内吮吸倒霉宿主的血液。它们已经有一条长鳍直达尾端绕到尾部，但还没有成对的胸鳍和腹鳃。七鳃鳗身体光滑，无鳞无甲，没有脊椎骨，这可能是适应了寄生习性而退化的结果。七鳃鳗有一条发达的脊索支撑身体，但是在脊索的上部有许多小的骨片直立着，这些软的骨片就是脊椎的雏形。七鳃鳗在我国的黑龙江和图们江里都可以找到。如果我们仔细观察一条七鳃鳗，也就大致可以想象到生活在5亿年前那些古老脊椎动物的样子了。从澄江生物化石群中脊索动物和脊椎动物化石的同时出现，可能启示我们，这两类动物是由一个共同的祖先那里演化出来的，随后就分道扬镳了。

海口虫是澄江生物化石群中的佼佼者，是地球上出现最早的鱼形动物。所以人们也叫它海口鱼，它有鳍褶和体节。海口虫的发现使脊椎动物的演化历史向前延伸了1500万年，它可能是一切脊椎动物的先祖。

消失了的甲胄鱼

在奥陶纪，也就是5亿1000万年前，最早的无颌鱼类开始出现了，到志留纪和泥盆纪早期就达到了它们的鼎盛时期。这些早期的无颌鱼类多是戴盔披甲的鱼类，所以人们一般又把它们叫作甲胄鱼类。甲胄鱼类中最具代表性的动物就是头甲鱼。之所以称它们为头甲鱼是由于它们的身体前部被包在甲胄里。我国云南曲靖奥陶纪产出的多鳃鱼、三岐鱼就属于头甲鱼。它们的身体前部装在一个骨甲构成的盒子里，头是扁的，头顶上有一个鼻孔和小而圆的眼孔，在两侧有鳃裂。它们有脑结，生有十对脑神经，就像后期的脊椎动物，某些甲胄鱼已经有了一对内鼻孔。它们的身躯因是无骨骼的软体，因此很难保存下来成为化石。从某些甲胄鱼类化石的印痕中可以知道它们有小的鳞片，有背鳍和尾鳍。由于甲胄鱼类在泥盆纪时期与有颌的盾皮鱼类竞争中失败了，所以到了泥盆纪末期它们就全都消失了。

颌的形成

颌的出现是继脊椎形成之后，脊椎动物进化史上的第二次大跃进。这是因为有了上下颌，动物就能主动进食，颌也有护卫能力。科学研究表明颌来源于鳃弓。据化石资料科学家们知道，在无颌类动物中，头甲鱼类有十对鳃弓，它们位于鱼类的咽部，在鳃裂之间，左右侧都有一对鳃弓，这些鳃弓是用来支持咽部以及附着开关鳃裂肌肉的。每个鳃弓是由几节骨头组成的。从胚胎的发育过程来看，科学家们认为在脊椎动物演化的早期，前两对鳃弓可能已消失了，因此可能是第三对鳃弓进化变成了颌，鳃弓有上支和下支，它们形成V形，平放倒下后即呈现为一个颌弓，连起支点就成了上颌和下颌。鳃弓逐步进化就形成了摄取食物的颌，颌进而进化就有了牙齿。颌的出现是脊椎动物进化中的一次重大革命。这是因为无颌类动物只能被动地过滤水中细小的有机物，而有颌类动物则可以用颌主动地摄取食物，这样它们摄食的范围就大大地提高了，因此有颌类动物在生存斗争中具备了更强的竞争能力，使脊椎动物进化成了地球上最高级的一群生物。

在泥盆纪时期，生活着一类繁纷的有颌鱼类大家族，这就是盾皮鱼类。在泥盆纪时期，盾皮鱼类达到了它的全盛时期。盾皮鱼类与甲胄鱼类一样，头和身体的前部也被包在骨甲中，它们有了相关联的附肢。它们与甲胄鱼类的区别主要是它的头甲是由多块骨板组成的，有了成对的附肢和上下颌。盾皮鱼类包括两大类：一类叫胴甲类，另一类叫节甲类。节甲类的头甲和躯甲由一对关节相连，它们是泥盆纪海洋中最大的动物。我国四川盆地产的江油鱼是节甲类，它们随着泥盆纪的结束而趋于消亡。在我国云南发现了大量的胴甲类化石，包括云南鱼、武定鱼、沟鳞鱼等。沟鳞鱼是一类世界性分布的淡水鱼类，包括地球的南北两极，它们在世界各大洲都有发现。我国云南发现的东生沟鳞鱼与澳大利亚发现的很相似，从它们的分布可证明在泥盆纪时期地球上只有一块大陆，也就是“泛大陆”。

● 竞争的胜利者

鱼类中最大的成功者属于软骨鱼类和硬骨鱼类。这两种鱼在志留纪时期已开始出现，在随后的时间里它们日益繁盛。现在的鱼类大多数是由这两类鱼进化而来的，目前它们几乎占领了整个现有脊椎动物的一半，约有22400种之多。

软骨鱼类。目前大家最熟悉的软骨鱼类是生活在海洋中的鲨和鳐等。在进化过程中，它们完全失去了骨骼构造，由一软化骨支撑着身躯。因为它们的骨骼属软骨性，所以它们的化石不易保存，非常难得，它们的化石常见的是牙齿和鳞片。软骨鱼类中有少数种类曾在中生代早中期进入到淡水环境生活，如我国云南、四川盆地发现的弓鲛鱼类就是在那个时期进入到淡水中的。它们的化石记录出现在早泥盆世，而到石炭纪时期丰富起来，它们成功地一直延续到了现在。1998年，我国科学家王念忠等在新疆塔里木盆地奥陶纪早期的沉积岩中发现了已知的最早的软骨鱼类化石。由于这些化石的鳞片残破，因此根据它们来研究动物的完整性状有较大困难，但这些化石仍可以为科学家们提供一些当时的生物状况和地层学方面的情况。在电子显微镜扫描下观察这些鳞片、棘甲，科学家们发现了其中的骨质结构，这是地质记录中最早最可靠的软骨鱼类化石。这一系列的发现说明在5亿年前，生命大爆发已经为脊椎动物的大发展做好了准备。

硬骨鱼类。包括肉鳍鱼类和辐鳍鱼类，它们的头颅、脊椎骨、肋骨等高度骨化，而且它们的鳞片和骨板也是如此，鳞片厚重，呈菱形。

肉鳍鱼类包括总鳍鱼类和肺鱼类，因为它们的鳍具有发达的肉质柄，柄内的骨骼和四足类的四肢相关，所以科学家们相信它们中的总鳍鱼类是四足类动物的祖先，在泥盆纪晚期演化出了两栖类。因此，早期的总鳍鱼类特别受到古生物学家们的青睐。发现于我国云南早泥盆世的杨氏鱼是当前人们所知的最早的总鳍鱼类代表之一。

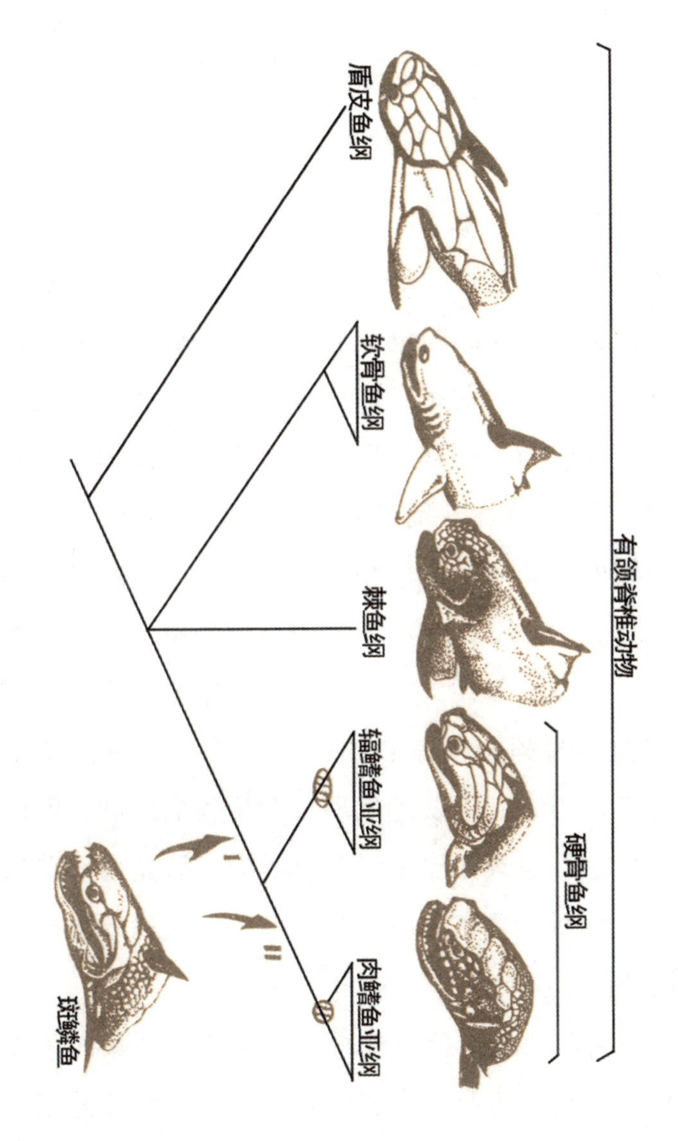

有颌类动物各主要类群之间的相互关系

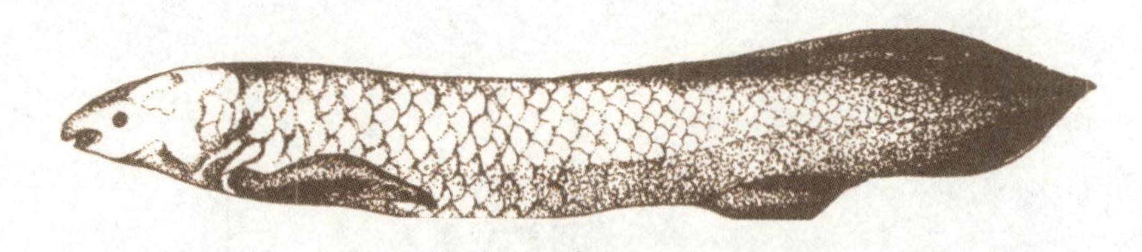

现有的澳洲肺鱼

现在的动物中有三个属属于肺鱼类：即澳大利亚新角齿鱼，也叫作澳洲肺鱼；非洲的非洲肺鱼；南美洲的美洲肺鱼。但在泥盆纪和中生代时的角齿鱼分布很广，它们与澳洲的肺鱼一样有发育的齿板。我国四川盆地的中、上侏罗世中就发现过几种角齿鱼。肺鱼具有内鼻孔，有较大的肺并以声门和食道相连。它们的鳃比较退化，心脏有两心室，在动脉锥中有瓣膜将肺部来的血液与鳃部来的血液分开。特别是它们的附鳍内有一单列的骨头支撑，骨列两侧有长的副鳍条，肉质鳍沿鳍条着生，有人认为它们可以进化形成四足类的附肢，所以称它为原始足。他认为陆生的四足类的四肢是由肺鱼鳍足形成的。然而，现在许多人却否定了肺鱼的鳍足是四足类的附肢的原型。

科学家们把总鳍鱼类分为两大类群：即扇鳍鱼类和空棘鱼类。扇鳍鱼类从志留纪开始出现，到二叠纪末期就全部灭绝了，它们是四足类的祖先。但空棘鱼类却有残存的后代，它们至今仍生活在印度洋非洲的东海岸地区。1938年曾首次捕获到了一尾，这就是著名的活化石矛尾鱼——拉蒂迈鱼。这一发现轰动了世界，原先科学家们认为早在7000万年前灭绝了的总鳍鱼类竟然还存活着。1952年，人们在马达加斯加岛西北的一个叫科摩罗岛上找到了拉蒂迈鱼的原产地，它们多生活在深水珊瑚礁中，这是一种猛食性的鱼。多年以来，鱼类科学家们认为拉蒂迈鱼是卵生的，因为他们发现过直径8.5～9厘米的橘子般大小的成熟卵，重319克左右。然而，在1975年科学家们解剖一条雌性拉蒂迈鱼时却发现，在这条雌鱼的右输卵管中有五条长成的幼鱼。鱼类学家在雄鱼身上看到泄殖孔，包括有一个尿殖乳突，外围有两对能突起的肉突。这个泄殖孔肉突很可能犹如某些鸟类的反转的交配器的作用，肉突的作用也可能与鲨鱼的鳍脚“交配器”相同。因此，许多鱼类学家相信拉蒂迈鱼像鲨鱼一样，是卵胎生的。1972年，科摩罗政府赠送给中国科学院一条拉蒂迈鱼标本。目前这条标本被存放在中国科学院古脊椎动物与古人类研究

拉蒂迈鱼

所的中国古动物馆里展出。

硬骨鱼类的另一支叫作辐鳍鱼类，它们之所以叫作辐鳍鱼类是因为它们的偶鳍里有许多软骨或硬骨的鳍条。从化石记录来看，硬骨鱼类的两大支系在泥盆纪时期已经

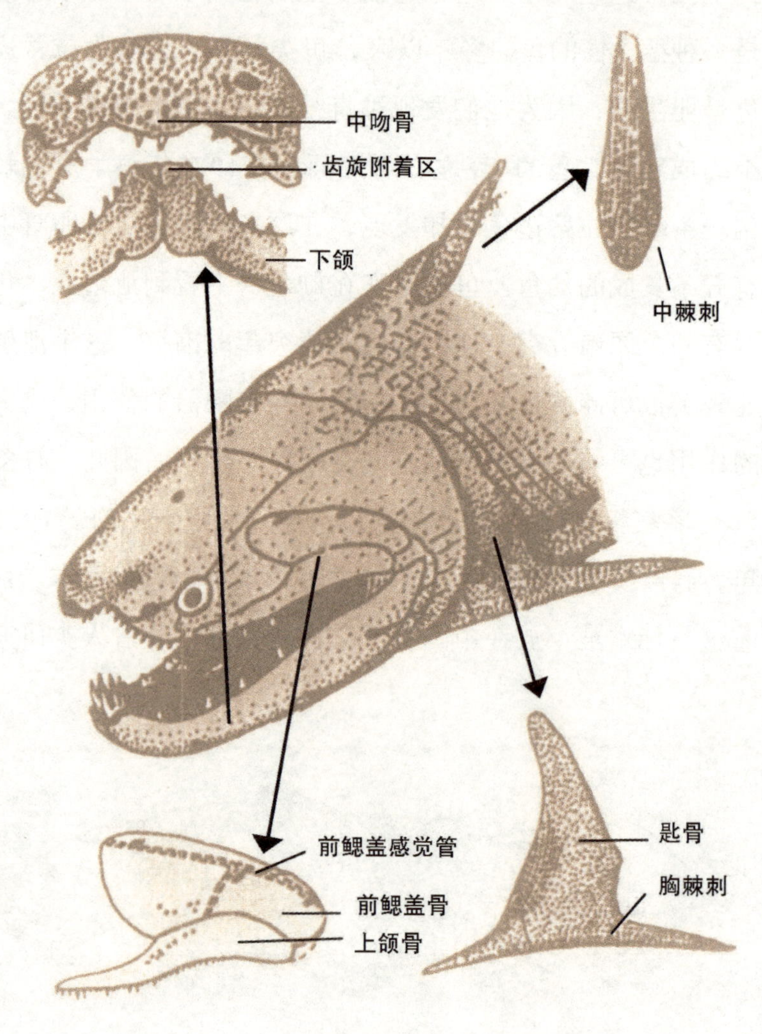

斑鳞鱼的头颅

分化。但是科学家们于20世纪末在我国云南志留纪的晚期地层中找到了一种介于辐鳍鱼类和肉鳍鱼类之间的一种小型硬骨鱼——斑鳞鱼。斑鳞鱼的头颅有颅中关节、外骨骼发育孔管系统、牙齿具褶型迷齿纹路，这些是肉鳍鱼类的特征。但斑鳞鱼的头颅前吻部和颊部结构与辐鳍鱼类又很吻合，因此它的分类地位使科学家们感到迷惑不解。假如斑鳞鱼代表了硬骨鱼类的祖先类型，那么硬骨鱼类的进化历史将向前推进1000万年。硬骨鱼类生活的鼎盛时期是在古生代的晚期和中生代的早期，如晚二叠世的吐鲁番鳕、早侏罗世的鳞齿鱼等都属于硬骨鱼类。

在生存竞争优胜劣汰的自然规律下，到中生代后期硬骨鱼类逐渐被它们的后裔——真骨鱼取代了。真骨鱼类的骨鳞片由于硬质退化只保留骨质基层，因此薄而富有韧性，既不失去鳞片的保护作用，又摆脱了硬鳞的沉重负担，增加了

鳞齿鱼化石

灵活性。从中生代后期至今，真骨鱼类在进化中不断地完善着自己，长盛不衰，由海洋到江、湖、河流无处不在，它们进化成为世界上数量最庞大的脊椎动物。辽西地区白垩纪早期出土的狼鳍鱼、内蒙古产的昆都伦鱼、浙江发现的华夏鱼等都是真骨鱼类的代表。

七、四足类的起源

海洋中的排挤与大陆上的诱惑

化石记录显示，在5亿年前，藻类与昆虫开始登上大陆。4亿4000万年前，志留纪陆生植物开始出现，陆栖生物从此开始大规模登陆。4亿800万年前，泥盆纪海洋中的无脊椎动物已进化出了五花八门的类群：珊瑚类、腕足类、腹足类、软体动物头足类、棘皮类以及节肢动物的三叶虫类等充斥在整个海洋。脊椎动物中无颌类的甲胄鱼类达到了鼎盛的时代。有颌的鱼类也遨游在江河湖海中，鱼类受到了前所未有的生存压力。然而，最早期有种子的植物开始演化出现。在泥盆纪时，也就是距今大约4亿年前，生物界第二次生命大爆发即将来临。古老的植物和第一只昆虫也已经开始上陆，它们迅速地建立起了自己的领地。陆地上有了丰富的食物和活动的空间。鱼类此时在受到海洋生存竞争压力的同时也面临着大陆丰富食物的巨大诱惑，它们要离开水，成为第一批脊椎动物的登陆者。

● 登陆前的准备

从鱼类到两栖动物，再进化到爬行动物。这个过程伴随的是呼吸（由鳃到肺）、运动（由鳍到四肢）和感觉器官（眼、耳、鼻等）的改进和加强以及生殖系统的完善，这个完善演化过程大约持续了几千万年。

鱼类为了在陆地上生存，先决的条件是用“肺”来呼吸空气，“肺”已首先开始在肺鱼和总鳍鱼类中使用。鱼形动物的运动是靠水的浮力，不存在支撑体重的问题，尾和鳍则是其运动的器官。然而，为了适应陆地生活，鱼类必须把偶鳍改造为四肢，来支持体重和运动。在泥盆纪晚期，具备这种条件的鱼也是肺鱼和总鳍鱼类，它们已经具备用偶鳍在河湖底下爬行的功能。一般人们在讨论动物登陆过程时，往往忽略了动物的感觉器官的改进和支配运动的脑的演化。总鳍鱼类要在干枯的河床上“爬行”，它们必须使用具有观察作用的眼睛，同时为了动作的协调发展，小脑也开始了发育。它们在水里运动只能是一种短距离的视觉，游动的动作也过于简单。尽管这样，总鳍鱼类登陆前的行为已为登陆进行了预演，它们有了较大的脑室。脊椎动物为了拓展它们的生存空间，征服新的领域，在演化过程中第一次从水中爬出，终于在泥盆纪的晚期发生了，这真是一种经过千百万年的多次锤炼才最终完成的伟大进化。

谁是成功的登陆者

四足类起源于肺鱼论。肺鱼的后代至今仍然生活在南半球，它们存量稀少，分布区域狭小。在19世纪的早期，生物学家们将肺鱼归为两栖类动物，他们认为肺鱼是两栖类的始祖。然而部分学者不同意这种观点，他们认为肺鱼的颌、牙齿已很特化，它的鳍足第二节是单列的，不能构成四足类动物平行的尺桡骨，它有上下一对齿板，脊椎骨也与四足类动物不同，所以它们也就不大可能成为真正陆生的四足动物的祖先。但近年来随着总鳍鱼类作为四足类祖先地位的动摇，而现代肺鱼的软体组织解剖、发育和生理特征与四足类的有尾类之间有许多共同点，肺鱼起源说又有了起死回生之势。

四足类起源于总鳍鱼论。目前，总鳍鱼类仅有一种叫作矛尾鱼的种类在地球上存活了下来，它们分布区域狭小。然而，在泥盆纪时期它们却是很普遍的物种，在全球都有分布。它们可能是生活在沼泽、池塘等湿地环境，如果遇到干旱的年份，池塘干枯缺水，总鳍鱼类要生存下去就得将空气充在气囊中，这就可以帮助总鳍鱼类呼吸。而它们的肉质鳍叶有助于它们从干枯的池塘、河沟里爬出来转移到有水的地方，所以总鳍鱼类也叫作叶鳍鱼类。总鳍鱼类肉质的胸鳍内部有骨骼支撑，这些骨骼后来进化演变成了所有四足类的肢骨。当池塘慢慢地干枯到其他鱼类无法生存时，有“肺”的总鳍鱼类却幸运地存活了下来。后来，池塘完全干枯，这类鱼就用肉质的胸鳍将身体支撑起来，它们的肉质鳍叶可以帮助它们转移到有水的地方。这一点对总鳍鱼类来说非常重要，它能使总鳍鱼类通过爬行重新找到生存环境，身体支起来后，腹部就可以有规则地收缩了，这样呼吸功能就大大地加强了。这些功能为四足动物进入陆地做了前期构造上的准备。20世纪50年代，瑞典古鱼类学家雅尔维克认为总鳍鱼类的扇鳍鱼类分化出四足两栖类的无尾类，而总鳍鱼类的孔鳞鱼类进化出两栖类的有尾类，这就是以他为代表的四足类“多起源说”。但“单起源说”的一些学者却把总鳍鱼类和四足类合并总括在内鼻类中，以强调它们的亲缘关系。我国古生物学家张弥曼在研究我国云南早泥盆世地层中发现的属于总鳍鱼类的杨氏鱼与扇鳍鱼类相似。她通过化石磨片观察，否认了瑞典科学家雅尔维克的扇鳍鱼类有真正内鼻孔和鼻泪管。张弥曼同时指出，它们的头骨中部的颅中关节可能是特化的特征，由此对雅尔维克的四足类起源说提出质疑。究竟谁是四足类的近亲，看来还得需要科学家们的进一步探索。

最早的两栖动物是一种称作鱼石螈的迷齿类动物，这种动物发现于格陵兰的晚泥盆世岩层中。它们具有与鱼类相似的尾巴，腹部还保留着鳞片，它们头颅的骨片排列形式与肉鳍类中总鳍鱼类相似。鱼石螈的头骨中部有一连接的关节，称作颅中关节，它可以使头颅前后活动，鱼石螈的这种构造是从总鳍鱼类那里继承来的。鱼石螈的牙齿和某些总鳍鱼类的一样，横切面显示它们有复杂的珐琅质纹路，显示出迷路构造，所以，科学家们把具有这类牙齿的两栖类动物统称为迷齿类。

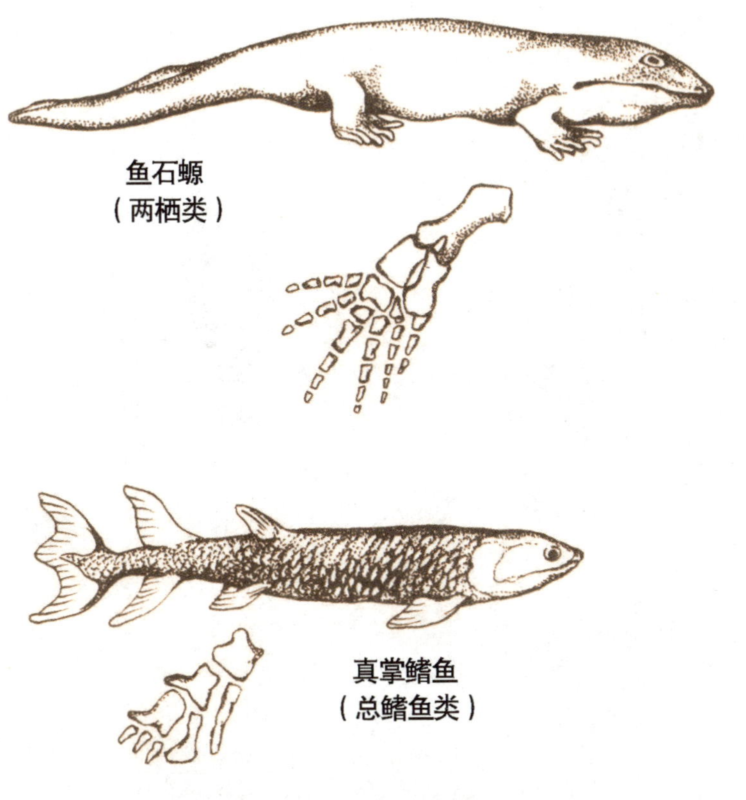

真掌鳍鱼的肉鳍中的支持“骨”与鱼石螈的肢骨比较图

到了石炭纪时期，两栖类动物已有了相当大的发展，它们广泛地分布于沼泽、湖泊之中。有些已经进化变得头骨扁大，头顶上有甲片，甲片上饰有雕纹。至二叠纪时期，它们可称得上是地球的主宰者，有的两栖类动物体长可达2～3米，它们急剧变化着。无数种两栖类动物匍匐爬行在水边，将它们的卵产在水中，孵化出像鱼一样的幼体，幼体逐渐变化长大，爬上陆地。到二叠纪末期，它们就逐渐演化成了真正的陆生脊椎动物——原始爬行动物。迷齿类两栖动物中有

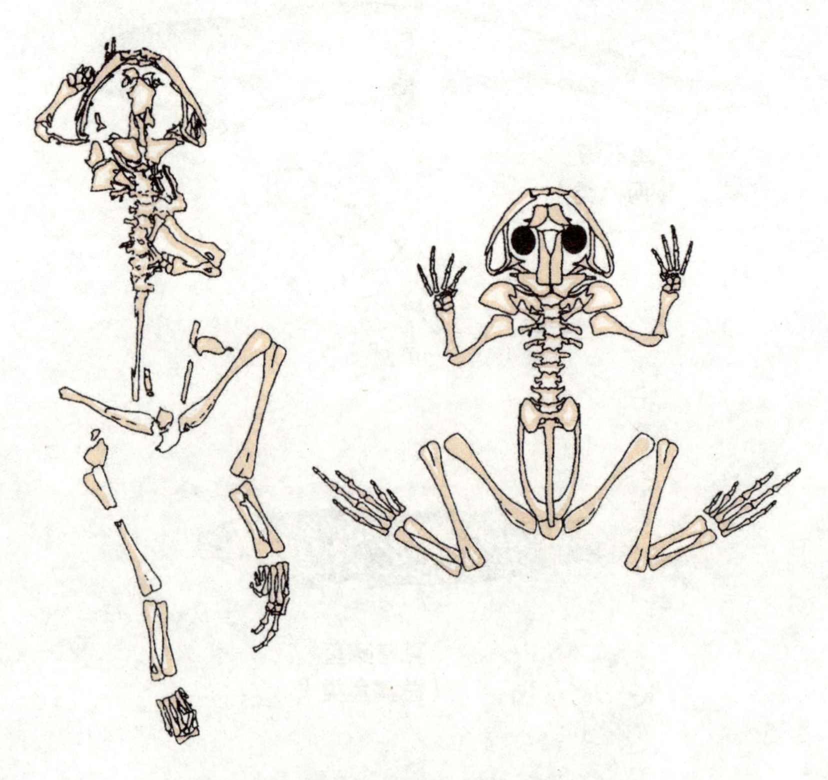

辽宁出土的两栖动物丽蟾化石骨骼轮廓及其复原图

一分支，也就是“块椎类动物”进入到侏罗纪晚期至白垩纪早期时才消失灭绝了。我国四川盆地侏罗纪的中期地层中发现的中国短头鲵，是亚洲最后的一只迷齿类两栖动物。在三叠纪时期，第一只“青蛙”出现了。现在的两栖类除青蛙、蟾蜍之外，还有长尾巴的大鲵（娃娃鱼）和无足类的蚓螈，它们中有的又重新回到了水里。

八、恐龙的王朝

2亿2000万年前，也就是三叠纪的晚期，恐龙登上了生物进化的历史舞台，它们成了生物界的主宰。不论从它们的体型大小，还是从它们主宰地球的时间上来看，恐龙都称得上是地球上最成功的陆生动物了。最大的恐龙——超龙和地震龙体长可达30多米，体重达百吨；小的恐龙，如美颌龙和小盗龙大小如火鸡。恐龙生存在整个中生代，贯穿三个纪：即三叠纪、侏罗纪、白垩纪。因此，中生代也被称为“恐龙时代”。在一个相对较短的时期内，恐龙就衍生出了很多很多的门类，从而成了地球上的统治者，它们统治地球长达1亿6000多万年。恐龙广泛分布于所有的大陆上，它们占据了一切的生态带。科学家们在世界的各个角落均发现了恐龙化石。

过去人们一般认为，恐龙是一群呆头呆脑、行动迟缓的古爬行动物，它们在6500万年前与新兴的哺乳动物竞争中失败而灭绝了。然而，现在科学家们却改变了以往的这种看法，他们以崭新的思维观点和科学方法“复活”了恐龙，他

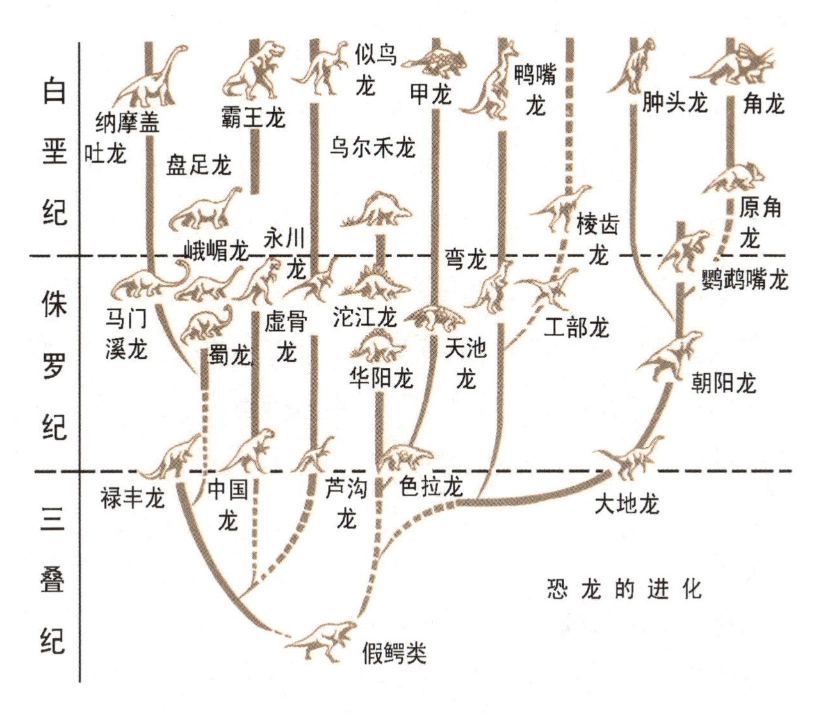

恐龙的分类系统图

们认为恐龙不是呆头呆脑的动物，而是高度灵活和充满智慧的动物，而且还有一些是具有高级新陈代谢的温血动物。现在甚至有一些人认为，恐龙并没有灭绝，恐龙在天上！鸟就是恐龙的子孙后代。

科学家们研究发现，恐龙的头骨后部有两对大的穿孔，中间由眼眶后骨和鳞骨隔开，所以恐龙是爬行类动物中的双孔类。根据它们的腰带，也就是骨盆的结构，恐龙被分成两大类群：蜥臀类恐龙和鸟臀类恐龙。鸟臀类恐龙包括几个亚群，它们全是吃植物的，它们的下颌前有一块前齿骨，这样更便于进食。鸟臀类恐龙有的长有骨甲和骨棘，它们四足行走：如剑龙、甲龙等；但也有的两足行走：如禽龙、鸭嘴龙等。有的恐龙头上长角：如原角龙、三角龙等。蜥臀类恐龙包括两个亚群：吃植物的、四足行走的叫作蜥脚类恐龙，如著名的梁龙、马门溪龙和科幻电影《侏罗纪公园》中的巨大腕龙等；吃肉的、两足行走的叫作兽脚类恐龙，如凶狠的霸王龙、小巧灵活的驰龙、窃蛋龙、中华龙鸟和尾羽龙等。科学家们认为兽脚类恐龙是所有恐龙中最特别的一类恐龙，也许鸟类与它们有着亲缘关系呢。

● 恐龙的祖先

科学家们认为恐龙是由一类小型的、原始的双孔类爬行动物进化来的，这类动物叫作古龙类。在古龙类中有一种小的动物，叫作“尤派克鳄”。它们的化石可在南非三叠纪早期的岩石中发现。尤派克鳄大小约1米长，背上有两行甲板，假如把它们的头骨放大、加高的话，可以发现它们与早期的恐龙头骨很相似。尤派克鳄的腰带上有三块骨头：即肠骨、耻骨和坐骨，它们呈现三射型。但是尤派克鳄的髋凹还没有像恐龙那样的穿孔。它们的前肢短，后肢长，也许这种小动物在追捕猎物的时候，常将前肢抬起来而用后肢奔跑，尾巴则跷起起平衡作用。经过这样的长期适应变化，后肢变得长而有力，成了主要的运动器官，前肢则相应地退化，成

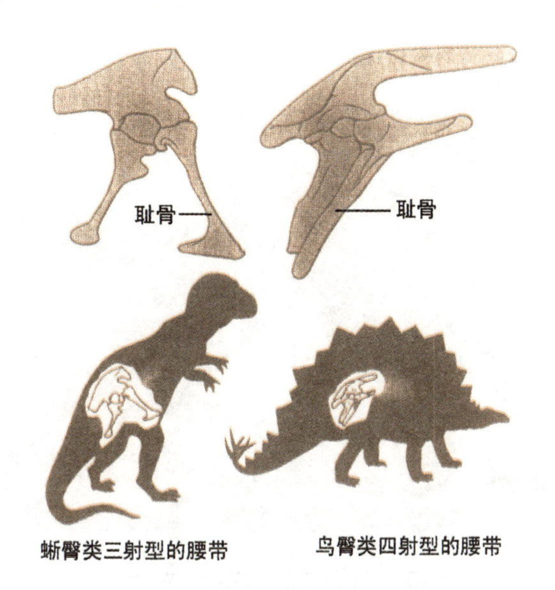

恐龙的腰带构造

了辅助性的运动器官。这样身体结构的变化，使尤派克鳄身体升起，重心支点转移到臀部，腰带变得坚韧，彼此愈合得更加坚固。因此，尤派克鳄后肢直立了起来，而恐龙的早期类型恰好是这样的。

1988年，科学家们在阿根廷的依斯瓜拉斯谷地的晚三叠世早中期的岩层中发现了黑瑞拉龙的骨骼，这进一步证实了这种推测。科学家们发现，这种小型的肉食性黑瑞拉龙，头骨较低，脸面略长，嘴里有锋利的牙齿，大大的眼睛，它们的耻骨较纤细，体长还不到2米，小巧而双足行，它们有一双善于奔跑的脚。现在科学家们大多认为，阿根廷晚三叠世早期的黑瑞拉龙就是最早的恐龙。

阿根廷出土的三叠纪时期的黑瑞拉龙

高智商的恐龙

三叠纪晚期最有名的恐龙是虚骨龙类。人们之所以称它们为虚骨龙类，是因为它们的肢骨有髓腔，而且骨壁薄，好像中空似的。虚骨龙类的大小与一只斑点狗的大小差不多，它们的牙齿锋利，肢骨强壮，善于奔驰，它们的身体轻盈，行动敏捷，有一条长长的尾巴起着平衡作用。科学家们认为它们可能与现代小型肉食动物一样，也是群体出没于猎场，进攻围猎大型恐龙。这类恐龙有个大大的脑颅，科学家们发现它们的脑内膜高度发育，这显示它们的大脑也许有很高的智商。虚骨龙类的演化向着三种类型的恐龙发展：

带毛的恐龙

20世纪末，在我国辽宁省北票市四合屯的白垩纪早期距今1亿2500万年前的岩层发现了一些“带毛的恐龙”。这些恐龙有着小巧的体型，灵活的四肢，它们全部是肉食性的。它们的身躯和四肢结构向着快速奔跑的方向发展，就类似于现在的狐狸或狼一类的动物。科学家们研究最多的是：晚侏罗世的美颌龙、早白垩世的恐爪龙、白垩纪晚期的驰龙、疾走龙等。它们奔跑起来非常快，追捕力强，它们往往采取巧妙的方法来群体围攻大型动物。它们的前肢是主要的捕食工具，有弯曲的大爪，特别是腕部有一块半月形的小骨，因此手可以自由地转动，人们将这一类恐龙称为手盗龙。它们的身上披着绒毛状的皮肤衍生物或羽毛，科学家们认为它们可能与鸟类有亲缘关系。恐龙身上的类似“毛”状物的发现，证实了小型的恐龙是温血动物。它们的温血动物特点，保证了它们高效率活动所需要的体温和代谢。

科学家们认为，中华龙鸟、尾羽龙、中国鸟龙等都归属于这一类恐龙。这些恐龙的发现对鸟起源于恐龙的假说是一个强有力的支持。以下是有关这类恐龙的一些资料：

美颌龙：美颌龙是最小的肉食恐龙，产自德国著名的始祖鸟化石产地巴伐利亚州的索罗霍芬。美颌龙的头呈三角形，牙齿侧扁，前缘有小锯齿，尾巴长，大小如火鸡，它的荐椎愈合，耻骨连合。骨骼与始祖鸟十分类同，美颌龙的体表可能覆盖着羽状衍生物。

恐爪龙：恐爪龙发现于美国的早白垩世的地层里，体长约2米。因为它的第二脚趾上有一个巨大的爪，因而得名恐爪龙。恐爪龙有典型的小型兽脚类恐龙的头，它的牙齿锋利，有大的眼孔；它的前肢较长，后肢粗壮，趾上有尖爪。粗壮的长腿使它得以快速奔跑，长的前肢起着平衡的作用，它往往在河湖岸边追捕小的动物作美餐。恐爪龙的骨骼与始祖鸟的相似，它的发现复兴了“鸟来自恐龙学说”，使恐爪龙更加知名。

中国鸟龙：中国鸟龙大小如火鸡，有驰龙式的头骨和尾巴，吻长头低，有一对大眼眶，上下颌骨上生长着小的匕首

恐爪龙骨架

状的牙齿，牙齿边缘有锯齿。手和脚上有利爪。中国鸟龙肩带的形态结构与始祖鸟的构架相同，肩胛凹面向外侧，前肢有上下拍打功能，前肢也较长。从这种“带毛的恐龙”身上可以看到鸟类飞行进化的模式，它与始祖鸟的亲缘关系似乎更近。

驰龙：驰龙是最接近鸟的一类非鸟兽脚类恐龙。在《侏罗纪公园》影片中那群灵敏、残暴的小家伙儿是驰龙家族中的一员。

快速奔跑的恐龙

虚骨龙类到了白垩纪晚期，演化出了一类体型中等大小，头骨特化，失去了牙齿的素食恐龙。这类恐龙的颈部较长，四肢结构向快速奔跑的方向上发展，以逃避大型肉食者如霸王龙等恐龙的捕杀。它们非常类似于现在的大型鸟类——鸵鸟。科学家们研究最多的是：白垩纪早期的尾羽龙、白垩纪晚期的似鸟龙、窃蛋龙、鸡龙等。它们的前肢变化较大，变得更长，因而为捕食昆虫、摘取浆果提供了良好的条件。它们的身上也披着绒毛状的皮肤衍生物或羽毛，表明它们也是温血动物。下面是有关这类恐龙的一些资料：

尾羽龙：尾羽龙的头短而高，在颌骨上有气窝，嘴里牙齿退化，有一较长的脖子，短而粗壮的身躯，尾巴较短，它的胸肋上有与鸟一样的钩状突。尾羽龙腹腔中的胃石可多达数百枚，用于磨碎食物帮助消化。它的尾巴短，末端长着一簇羽毛，羽毛呈扇形，羽毛的羽片对称，扇形的尾羽作为性特征装饰。尾羽龙的前肢较长，手指有抓握功能，前肢也有对称的羽毛附着。尾羽龙是一种行走快速的素食性动物，它们往往过着群居的生活。

窃蛋龙：科学家们第一次发现的窃蛋龙骨架是在一窝恐龙蛋上，并认为它是在偷食蛋时而死的，因此叫它窃蛋龙。窃蛋龙体长约2米，头骨短高，头上有一冠，嘴尖，无牙齿，手长尾短。后来人们发现窃蛋龙的最后几个尾椎愈合成了鸟一样的尾骨。有的科学家认为窃蛋龙是一种不会飞的鸟，就类似于今天我们看到的鸵鸟那样。研究发现，窃蛋龙成群地生活在一起觅食。窃蛋龙尽管名声不好，但新的化石材料给窃蛋龙平了反，证明窃蛋龙不仅不是偷蛋者而实际上是在孵蛋。事情是这样的：

1923年，美国纽约自然历史博物馆中亚科学考察团团长安得鲁斯在蒙古巴仁扎达发现恐龙蛋时，还发现了一具小的恐龙骨骼卧在一窝蛋上。这一化石被运回美国纽约自然历史博物馆后，引起了馆长奥斯朋的兴趣。1924年，他详尽地对骨骼进行了描述研究，认为这是兽脚类恐龙中的一只似鸟的恐龙。它的体长约2米，头上有冠，嘴中无牙齿，吻端有一弯而尖的喙嘴；前肢长，拇指可以对握。奥斯朋认为这只长着尖的喙嘴的小恐龙是一个窃蛋贼。它可用长的“手”指将蛋抓起，用尖的喙嘴将蛋搞破，然后吸食。这只倒霉的恐龙可能是在偷吃原角龙的蛋时，突然遇害倒在了原角龙的巢穴中，被埋而形成了化石。奥斯朋给它起了个名字叫作“食角龙蛋的窃蛋龙”，通常简称它为窃蛋龙，从而使其臭名远扬。窃蛋龙的发现也引发了一些人的想象力，他们认为恐龙灭绝可能是其蛋大量被窃、被吞食造成的。

1990年，中国和加拿大的恐龙科学家，在内蒙古乌拉特后旗的包音满达呼进行科学考察。加拿大首席恐龙学家菲力普·居理在一块儿悬崖上，发现了四枚长形蛋压在一具小恐龙骨架下。经发掘鉴定后得知，这是一具窃蛋龙化石。这一发现引起了他们的深思：为什么窃蛋龙会匍匐在蛋上，而蛋依然保持完整。后来经过显微观察研究表明，这些蛋的蛋壳结构属于兽脚类恐龙的类型，也就是说它们不是原角龙的蛋。它可能就是窃蛋龙本身产下的蛋。窃蛋龙是小型兽脚类恐龙，与鸟类有极密切的关系。人们推测它可能是温血动

窃蛋龙

物。这一串串疑问使科学家们提出：窃蛋龙不是在窃蛋而是在孵蛋。这一观点在日本的大阪恐龙研讨会上由中国的科学家董枝明正式提出。1993年，金子隆一先生将董枝明的这一观点在《霸者·恐龙的进化战略》一书中做了全面报道，从此给窃蛋龙“平了反”。

1994年，美国纽约自然历史博物馆的玛克·诺罗等人在《科学》杂志上报道说，他们在蒙古的西南戈壁中找到了一窝恐龙蛋化石，发现一只窃蛋龙躺在蛋上。他们在蛋化石中还发现，有一枚恐龙蛋内还有一小小的胚胎骨骼，经研究鉴定就是窃蛋龙。这一发现给窃蛋龙彻底地平了70年的冤案。

令人费解的恐龙

在白垩纪时期，虚骨龙类演化出了第三类恐龙。这类恐龙的体型中等大小，头骨特化，牙齿减小，吃杂食。它们的颈部加长，身体和四肢结构与肉食的兽脚类恐龙相似，它们有大而尖的爪子。这一类恐龙叫作镰刀龙类。人们最熟悉的镰刀龙类有：白垩纪的阿拉善龙、北票龙、懒龙、镰刀龙、南雄龙等。它们的身上也可能披着绒丝状的皮肤衍生物或羽毛，它们也是温血动物，目前科学家们只在亚洲发现了这类恐龙。镰刀龙类长着类似草食动物的头和牙齿，然而却有一副肉食性恐龙的骨架和四肢，使人们对它们的生活习性难以琢磨。有人认为它们的尖指可能用于掘食，寻找蚁穴、蠕虫之类的东西为食。因为镰刀龙类的化石多出土在湖泊之类的地层，所以菲力普·居理认为它们可能用爪子捕鱼为食。然而也有人认为它们是杂食的，目前各种说法很不一致，更确定的结论还有待于科学家们新化石的发现。

阿拉善龙：阿拉善龙的头后骨骼与肉食的兽脚类恐龙相似，但嘴里却长有小的叶状牙齿，边缘上有小锯齿。它的大小与一头驴差不多，头较小，嘴长，下颌瘦弱，手和脚上有侧扁而弯曲的爪，关节面光滑，脚掌骨短。阿拉善龙身上也披盖着毛状衍生物。1993年，中国–加拿大恐龙考察队，在中国内蒙古的阿拉善戈壁图克木地区额勒斯台白垩纪早期岩层中发现了阿拉善龙化石。科学家们认为，阿拉善龙是素食性恐龙。

阿拉善龙骨架示意图

地球的主宰者

凶猛无比的恐龙

兽脚类恐龙进化的另一个方向是体型向大的方向发展，它们从虚骨龙类分化出来，形成了单独发展的一支。这一支发展的趋势是大型化，头大、颈短，前肢缩短，指骨减少。到了晚白垩世，这类恐龙发展到了顶点，它们成了地球上最大的陆上食肉者。其中最著名的恐龙有早侏罗世的双嵴龙，晚侏罗世的异龙、角鼻龙、永川龙、中华盗龙，白垩纪的特暴龙、霸王龙等。它们在当时的地球上就像今天的狮子和老虎一样威武无比。以下是这类恐龙的一些代表：

双嵴龙：双嵴龙因头顶上有一对薄的V形的骨嵴而得名。双嵴龙的体长4～5米，头大，嘴裂大，在前上颌骨与上颌骨之间有一裂凹，使嘴裂的吻部可活动，便于撕咬，嘴里长有匕首状的牙齿，牙齿前后带小锯齿。双嵴龙的后肢粗壮有力，脚上有爪，前肢较后肢短，手上有三指。它们生活在侏罗纪早期的丛莽中，在江河、湖泊岸边的高地上追捕猎物。双嵴龙发现于美国亚利桑那州和我国云南早侏罗世的红岩层中。

中华盗龙和永川龙：中华盗龙和永川龙化石是侏罗纪

晚期发现的最完整的肉食性恐龙化石。永川龙发现于四川盆地，中华盗龙出土于新疆准噶尔盆地。它们的体长在7米左右，头大，眼眶孔大，眶上嵴发达，眶孔的前面有1～2个大的眼前孔，颈较短，后肢坚实。中华盗龙和永川龙是侏罗纪时期最残暴的肉食者。

霸王龙和特暴龙：北美洲晚白垩世的霸王龙和亚洲的特暴龙是肉食类恐龙进化最后的极品。它们的身长可达12～15

阿根廷产的牛角龙

米，头长1.7米，牙齿粗壮而锋利，齿长可达20厘米。霸王龙的体重可达6～8吨。它们的前肢退化，几乎失去了功能，手上只有两个小指。霸王龙和特暴龙的头骨上有一些大的开孔，既可以减轻头骨的负重，又加大了肌肉附着的力度。它们开闭上下颌骨的肌肉发达，有强大的咬嚼力量。

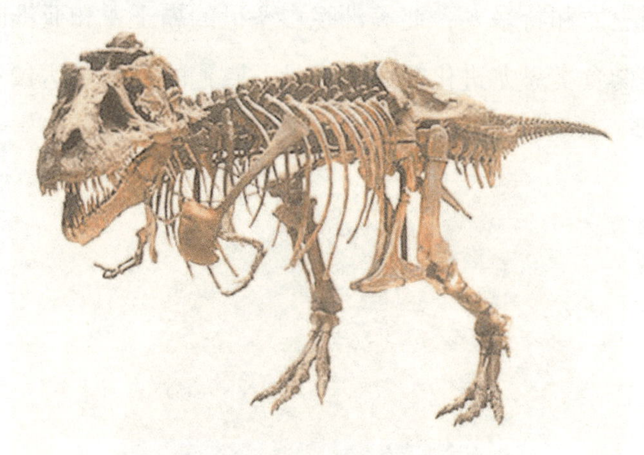

亚洲发现的晚白垩世最大的肉食恐龙
——特暴龙骨架

霸王龙的头骨

恐龙中的巨无霸

蜥臀类恐龙的另一支是素食的恐龙，它们主要包括生活在三叠纪时期的原蜥脚类恐龙和我们熟悉的巨型蜥脚类恐龙。蜥脚类恐龙是地球历史上生存过的最大的素食类动物，它们其中的一些如超龙、地震龙等体长都超过了30米。

原蜥脚类恐龙是一群较笨拙的两足行走为主的恐龙。它们一般有一颗较小的头，长长的脖子，身体笨重，身体的重量压在腰带的三个荐椎上，后肢粗壮。原蜥脚类恐龙的牙齿

禄丰龙的骨架

较小，呈叶状，它们以植物为食。它们生活在三叠纪晚期，到早侏罗世结束时就消失了，它们是恐龙中最早灭绝的一支。原蜥脚类恐龙有欧洲的代表板龙、亚洲的禄丰龙、南非的兀龙、北美的耶鲁龙，它们的形态和习性特征都很相似，甚至有人建议把它们归于同一个属。原蜥脚类恐龙的全球性相似是和大陆板块的分裂漂移有关的。从晚三叠世到早侏罗世，也就是2亿~1亿8000万年前，原始的大陆，即“泛大陆”中间有一个宽阔的以古希腊海神的妻子名字特提斯命名的海——特提斯海，也就是古地中海。古地中海南边的一块大陆叫作南大陆，也称冈瓦纳大陆；古地中海北边的一块大陆叫北大陆，也叫欧亚大陆。那个时候，冈瓦纳大陆与欧亚大陆两块大陆还没有完全分隔开，恐龙可以环绕着特提斯海在各陆块之间迁徙交流，所以形成的环特提斯海恐龙动物群十分相似。

蜥脚类恐龙被称为恐龙中的“巨人”。科学家们认为它们是由晚三叠世早期一类原始的原蜥脚类恐龙进化来的。真正的蜥脚类恐龙出现在早侏罗世，如我国云南武定产出的武定昆明龙。蜥脚类恐龙的进化是趋向巨型化，到了侏罗纪晚期这种进化达到了顶峰，它们的身体一般都在15~30米，有的甚至可达30多米，体重可达百吨。最著名的蜥脚类恐龙有北美的雷龙、梁龙、圆顶龙；非洲的腕龙、叉龙；亚洲的马门溪龙、峨眉龙、酋龙、巨龙、纳摩盖特龙；南美的阿迈格龙等。

圆顶龙

蜥脚类恐龙是巨大的素食者，它们有长的脖子和尾巴，圆柱状的四肢，圆盘形的脚，前脚的第一趾上有大爪，后脚的前三个趾上有爪。蜥脚类恐龙的头与身躯相比较小，牙齿有匙形和钉耙形两类，牙齿数目较少。它们的生活习性与今天的大象差不多。科学家们发现它们的足印化石往往成群分布，所以人们认为蜥脚类恐龙是过群居生活的，它们在移动时有群居行为，幼年的蜥脚类恐龙在群体中会受到保护。

腕龙的骨架

● 盔甲战士鸟臀类恐龙

恐龙的第二大类是有鸟形腰带的鸟臀类恐龙，也就是说它们的腰带呈四射型。这一类恐龙全都是素食恐龙，它们在恐龙生态系统中充当着被食者的角色。为了防御，鸟臀类恐龙的身上常披盖着有保护作用的骨甲和骨棘。它们也因此被分为覆盾甲龙类恐龙，如甲龙和剑龙；头饰龙类恐龙，如角龙和肿头龙；鸟脚类恐龙，如小型鸟脚类恐龙和鸭嘴龙类恐龙等。

鸟脚类恐龙是一类有鸟一样的三个脚趾的恐龙，它们一般是两足行走。最早出现的鸟脚类恐龙都是个体较小，身体结构轻巧的动物，如三叠纪时期的异齿龙、莱索托龙，侏罗纪时期的工部龙、灵龙、林龙，白垩纪时期的棱齿龙、提姆龙、奇异龙、热河龙等。这些恐龙都是两足行走的快速奔跑者。

棱齿龙

棱齿龙是一种小型的鸟臀类恐龙，是在英国南部白垩纪早期的地层中发现的，棱齿龙的名字来源于它的牙齿上有小的棱条。它的体长1.5米至1.7米。头呈三角形，长而尖，眼眶大，说明它视力很好；吻短，牙齿有小棱条，上下牙列直，嘴颊不发育。棱齿龙没有利齿锋爪，它们以吃植物为生。棱齿龙的后肢有四个脚趾，趾长而灵活；手与腕骨可成直角，指上有不长的爪。由于它有这样的“手脚”，有人设想它可能是一种能上树的恐龙，在密林中寻找天然保护，以

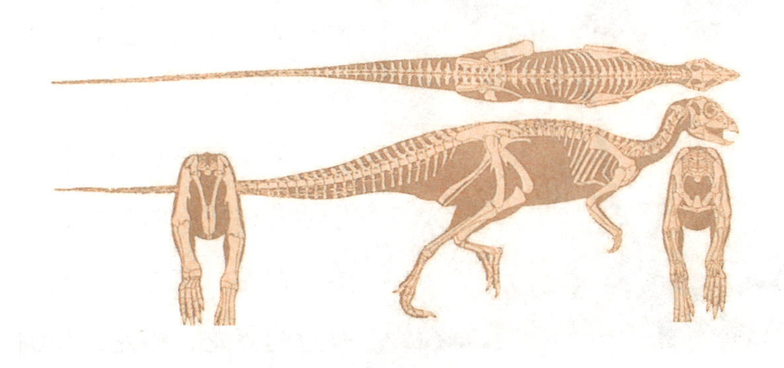

棱齿龙的骨架

逃避敌害侵袭。现在许多科学家相信它是陆栖的动物。我国发现的小型鸟脚类恐龙有四川盆地的工部龙、灵龙、晓龙，辽西的热河龙，它们的样子和生活习性与棱齿龙也差不多。

鸭嘴龙

鸭嘴龙鸟脚类恐龙中最引人感兴趣的是长着鸭形嘴的鸭嘴龙类。多数古生物学家认为鸭嘴龙是水中生活的动物，因为它们的脚上长着脚蹼，尾巴侧扁，这些都是适应水生活的特征。科学家们认为，它们的取食方式也与鸭子差不多，也是用铲状的嘴铲取水底的植物，用它们板状的齿来磨碎食物。但也有人认为它们是生活在陆地上的，因为它们的皮肤上有小结，不光滑，而且在它们的胃里发现了松柏类的残迹。

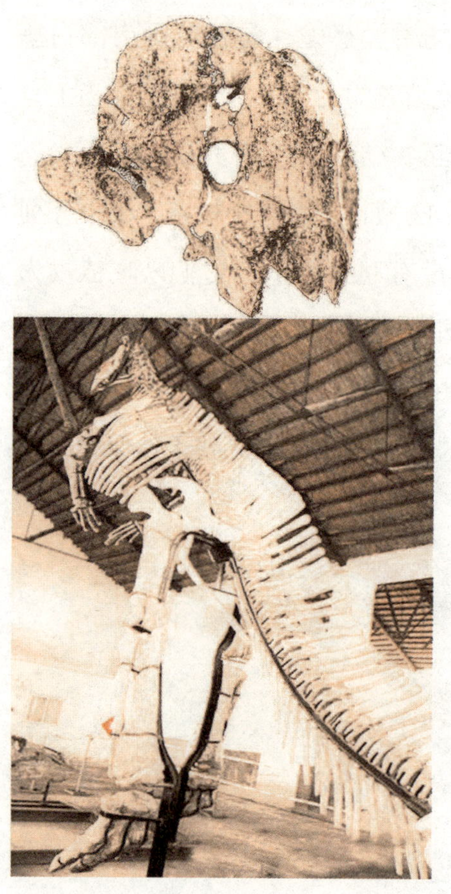
鸭嘴龙的头骨和其全身骨架化石

科学家们认为鸭嘴龙生活在白垩纪的晚期，北美的鸭龙、慈母龙，头上有冠的盔龙、栉龙，我国产出的青岛龙、山东龙等都是著名的鸭嘴龙。

慈母龙是在美国蒙大拿州出土的一种鸭嘴龙，在已出土的慈母龙的化石标本中，科学家们发现有许多年幼的鸭嘴龙尚没有离开巢穴。科学家们分析了巢穴的构造，以及穴中的小骨骼。他们认为慈母龙有照看幼子的行为，认为鸭嘴龙类是像鸟类一样有亲子行为的动物。

著名的剑龙和“坦克”龙

在身披盔甲的恐龙中，剑龙和甲龙是最奇异的恐龙。剑龙和甲龙最早出现在侏罗纪的早期，它们是一群身披铠甲四足行走的动物。

产于山东莱阳晚白垩世的青岛龙

剑龙最大的特点是头小，身体弓起，沿脊背从头到尾有两列大的直立的骨板，骨板被革质的皮肤包围着。在剑龙尾巴的末端有2～4对大的骨棘作为武器，多数古生物学家认为，剑龙的大骨板对剑龙起着重要的保护作用。但是人们却不能理解为什么大骨板只长在背嵴上，而身体最易受攻击的两侧却是裸露的。有的科学家用显微镜切片的方法研究剑龙骨板的内部结构，他们发现骨板中有许多血管网络，所以认为骨板有调节体温热量的作用，就好像大象的耳朵起着空调器的作用。还有人认为，剑龙生活在丛林中，植物叶子都挺大，大骨板上有色彩，剑龙通过骨板上的血管网络充血来改变骨板的颜色，起着拟态保护作用，就像变色龙一样。不管怎样，剑龙的大骨板始终吸引着人们的目光。

著名的剑龙有我国四川省自贡发现的中侏罗世的华阳龙、晚侏罗世的沱江龙和准噶尔盆地白垩纪的乌尔禾龙，东非的肯特龙，北美的剑龙等。

甲龙俗称“坦克”龙，因为它们的头和身体被一个甲胄的盒子包围着。甲龙的身侧有骨棘，尾巴上有骨锤，这些都是用来当作武器来对付大型肉食恐龙的。甲龙头大而扁，牙齿特小，身体宽扁，四肢较短，它们常紧贴在地上生活，觅食植物的嫩枝绿叶。

著名的甲龙有我国中侏罗世的天池龙，蒙古戈壁发现的绘龙，北美白垩纪的甲龙、结节龙等。

甲龙复原图

最神奇的恐龙

角龙类恐龙是鸟臀类恐龙中最神奇的一类恐龙，它们在地球的生命历史中出现的比较晚。角龙类恐龙主要生活在北美大陆的白垩纪晚期。化石资料证明，角龙类恐龙是起源于我国甘肃马宗山地区的一种古角龙。角龙类恐龙在恐龙的生态系统中，有点像现在非洲稀疏草原上的犀牛。角龙类恐龙的头上长有各式各样的角，它们的头大，吻尖，吻上有角质的屑，头后有一大的颈盾，盾上有不同类型的棘。著名的角龙类恐龙有亚洲白垩世的古角龙、原角龙，北美的三角龙、独角龙、戟角龙等。角龙类恐龙是恐龙中最后一个退出历史舞台的角色。下面是这一类恐龙的一些化石资料。

鹦鹉嘴龙：鹦鹉嘴龙的体长1.3～2米，头呈三角形，有向外突出的颧骨突；吻尖呈钩状如鹦鹉的嘴，牙齿小佛手状；前肢短，后肢长，是两足行走的动物。鹦鹉嘴龙常有胃石保存用于磨碎食物，它们常生活在河湖边沿的高地上，以植物为食。鹦鹉嘴龙可能像现代的食草动物如羚羊、鹿一样，它们也是过着群居的生活。鹦鹉嘴龙是东亚地区早白垩世特有的一类小恐龙，它们的化石曾先后在我国的内蒙古、山东、新疆、辽宁和河北等地以及蒙古戈壁、俄罗斯的西伯利亚地区都有发现。

古角龙：古角龙的大小与鹦鹉嘴龙差不多，头呈三角形，颧骨突不发育；吻尖，它的前上颌骨上有牙齿，有原角龙式的上颌齿，雏形的颈盾，古角龙是角龙类的真正祖先。古角龙也是过着群居生活的恐龙。1992年，中国—日本丝绸之路恐龙考察队在甘肃马宗山地区白垩纪早期地层中发现了古角龙，再次证实了古角龙是由亚洲起源随后迁徙到北美洲大陆的。

三角龙：三角龙是角龙类中最出名的一种，因它在两眉弓上和鼻骨上各有一角成三角鼎立状而得名。三角龙头长1.5～2米，体长7～8米，它们的身躯一

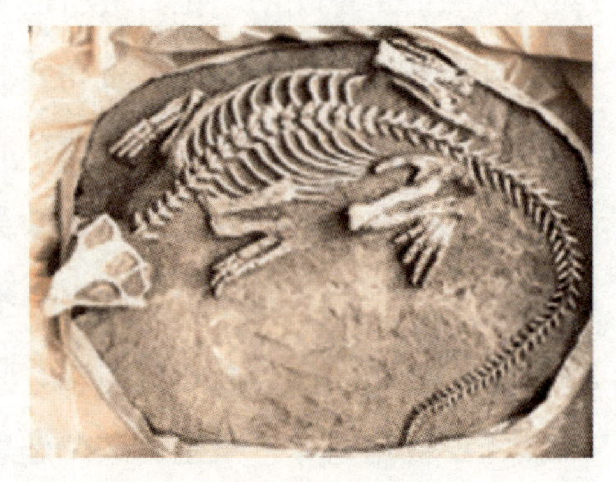

鹦鹉嘴龙化石骨架

最后灭绝的恐龙——三角龙

般比较笨拙，四肢粗壮。三角龙与霸王龙一样是恐龙中最后的消失者。

● 海洋中的“龙”

海洋广阔而深邃。它有时碧波荡漾，平静如镜；有时又惊涛拍岸，卷起千堆雪。海洋中有取之不尽、用之不竭的生物和能源，但它又可给人类带来巨大灾难。神秘的海洋是地球生命的摇篮。亿万年来它孕育出了形形色色、无法计数的物种。在5.3亿年前的寒武纪，最原始的脊椎动物——鱼形动物在生物大爆发中诞生了。到了中生代，即2.45亿～6500万年前，海洋中生活着几种大型的海生爬行动物：幻龙、鱼龙、蛇颈龙和苍龙，它们是爬行动物适应于海洋环境的杰出代表。由于适应了海中生活，它们的四肢已变成了桨状的鳍脚。它们的身体光滑，长有肉质的背鳍、尾鳍。海生爬行动物游弋在一望无垠的汪洋之中。这些动物分布广泛，它们的化石保存完好，多存在于层状岩石中，是科学家们研究古海洋的环境、地理分布最关键性的化石。

中生代的海生爬行动物化石，在中国发现最早、最完整的标本是贵州龙。第一个贵州龙标本是北京地质博物馆的胡承志于1958年采自于贵州兴义顶效的三叠纪石灰岩石中。1959年，中国著名古生物学家杨钟健将它归于欧洲阿尔卑斯山区常见的幻龙类，与肿肋龙相似，命名胡氏贵州龙。胡氏贵州龙个体不大，一般在20～35厘米。它有一个长的脖子，它的头骨较小，四肢骨纤细，脚上有蹼。胡氏贵州龙是以捕食小鱼、小虾为生的。在贵州清镇产的一种大型的幻龙叫作清镇龙，其体长可达3米。

在我国西藏定日和聂拉木地区海拔4800米的喜马拉雅山上，科学家们发现的喜马拉雅鱼龙体长约10米。它们生活在2亿年前的古地中海中。鱼龙的外形有点像现代海洋中的嗜人鲨。它们的身体呈流线型，有一个较长的吻嘴，有尖利的牙齿，颈短，有三角形背鳍和向下弯的尾鳍。它们的四肢已变成了适于游泳的桨状鳍脚。喜马拉雅鱼龙化石的发现证明，在2亿年前的三叠纪晚期，喜马拉雅山曾经是一片汪洋，它归属于古地中海域，与欧洲阿尔卑斯山地域相连。

1998年，在贵州的关岺、兴义、盘州市出土了大量的保存完好的海生爬行动物。这些化石多为当地农民在采集三叠纪中期的海百荷化石时采得的。化石被推向市场，走私出国。在经济利益的催促下，化石产地遭到乱挖滥掘，许多化石多是拼接造假而成的，这一状况近年已引起了当地政府有关部门的重视，乱采的势头初步得到了遏制。贵州这一化石动物群包括鱼龙类、鳍龙类、海龙类和盾齿龙类。这一动物群完全可以和德国、瑞士同一时代的动物群中晚三叠世的动物群相媲美。

黔龙是一类中小型的鱼龙，它的体长近2米。黔龙有细而尖的吻嘴、大的眼睛和弓隆的身躯。它的四肢发达，后肢较前肢粗壮。黔龙在中三叠纪的海洋中的位置与现代的海豚相似。

海龙类是海生爬行动物中的一个特殊的类群。它们的头骨较为原始，仍是陆生蜥类的头，它们有较长的脖子，四肢也是桡足型。海龙类可能是近海生活的动物，以鱼为食。贵州关岑新铺黄泥塘产的一种黄果树安顺龙，体长在2米左右，为中国首次发现。

被贵州关岑采集化石的农民叫作水龟的楯齿龙，最引人瞩目的特点是它有一个宽而扁平的身体，其上有厚重的骨甲，与龟鳖类很相似。楯齿龙有一大而重的头，它的上下颌以及腭区有纽扣状的大牙，这些牙是用来挤压软体动物壳甲的。盾齿龙的四肢外伸，善于爬行于海底淤泥，喜欢在沙滩上觅食，它的长尾巴可能起推动它上浮下沉而自由运动的作用。

贵州产的楯齿龙又叫中国豆齿龙，其大小不过1米长。目前，贵州的这一海生动物群化石基地产出的化石种类估计已不下10种，这里是我国海生爬行动物最重要的化石产地之一。

在中生代的水域中还生存着一种长颈短身的水生爬行动物叫作蛇颈龙。蛇颈龙的脖子特别长，而头又特别小，体宽扁，乍看起来，很像一条大蛇贯穿在一只乌龟身上。蛇颈龙从侏罗纪的早期到白垩纪之末，一直遨游于全世界的海洋和大的湖泊之中。我国四川盆地产的壁山上龙就是一种中小型的蛇颈龙。1880年初秋的一天，英国苏格兰的尼斯湖上风平浪静，一只游艇游弋在静谧的湖上，艇上一群穿绿戴红的富家少男少女正在玩耍，突然一个东西弄翻了船，悲剧就发生了。有一个人称看到了“怪物”，“怪物”的瘦长脖子上长着一个三角形的头，全身乌黑，好像是一条龙倾覆了荡漾的游艇。消息传开，越传越玄，“尼斯湖怪物”竟成了世界之谜。随后，不断有人声称看到了它，甚至有人断言它是生活在湖中的蛇颈龙。100多年来，人们用了各种各样的科学技术手段，也没能找到它。近年来，人们在调查中发现，“尼斯湖怪物”竟然给湖区的旅游业带来了繁荣，而那些饭店的老板常常是怪物的“发现者”，说不定这与他们为赚钱而故意炒作有关呢！

“恐龙的文艺复兴”

在20世纪70年代，美国耶鲁大学的巴克就推断过小型的兽脚类恐龙是温血动物。巴克认为恐龙可能具有很高的新陈代谢能力。1975年，他在《科学美国人》杂志上发表了著名的“恐龙的文艺复兴”一文。巴克认为，恐龙是直立的、活

巴克想象中的身上长着“毛”的小型兽脚类恐龙

跃的，它们的骨骼结构与哺乳动物的相似，在生态系统中肉食者与被食者之间的比值也是相近的，这比值在非洲肉食的狮子、猎狗与草食的羚羊、角马等之间是0.03%。巴克在该文中提出恐龙是温血动物，它们与鸟类有着亲缘关系，鸟类是由小型兽脚类恐龙进化来的。巴克第一次阐述了小型兽脚类恐龙为了保持体温，在它们的身上有可能有毛状物覆盖。1986年，巴克在他的《特异的恐龙》一书中，对鸟类起源于恐龙这一假说，做了进一步的论述，并绘出了身披毛状物的奔龙的复原图。十年之后，也就是1996年，中国辽西发现的“带羽毛的恐龙”证实了巴克的推论是正确的。在辽西动物群中，“带羽毛的恐龙”不仅有中华龙鸟、原始祖鸟、尾羽龙，还发现有中国鸟龙和北票龙，它们总共有5种具有“绒毛状”构造的恐龙。

● 伟大的历史足印

在许多沉积的岩层上，常留有当时生物活动的痕迹，这些痕迹被保存下来后就成了我们今天看到的化石。比如，动物行走的足印、皮肤的擦痕，蠕虫爬过的痕迹和它们居住的巢穴等。科学家们有时就研究这种痕迹化石，这种方法在古生物学中称作印迹学。印迹学是专门研究地球历史中生物在生活中遗留下来的痕迹。印迹学中最著名的印迹就是恐龙的

我国甘肃永靖县发现的巨型蜥脚类恐龙足迹化石

足印了，它被人们称为“伟大的历史足印”。恐龙足迹化石是了解恐龙的生活习性、恐龙的行为非常有用的材料，受到了古生物学家们的重视。

落凤坡的传说

河北省赤城县位于长城以北，燕山山脉横贯全县，潮白河流经赤城然后进入北京的密云，这里是北京的蓄水区，区内修建有大大小小的水库，水波荡漾，风景秀丽，成了北京人的休闲旅游胜地。在赤城县县城的东南大约7千米的地方有座红色的小山丘，名叫落凤坡。自古以来，赤城人相传这里曾经落过一群凤凰，落凤坡上有凤凰留下的一串串走过的足印。这些足印的印迹清楚地显示在石头上。这石头是红色的砂岩，呈厚层状。足印有三趾，足长有12～16厘米，步间距70～80厘米，足印成排地向着一个方向走去。这种足印在落凤坡上有数百个，千百年来赤城人一直传颂着一个美丽的传说，说凤凰落在赤城的落凤山上，踏出了这些足印。他们之所以称它是凤凰的足印，是因为这些足印很像鸟的足迹，落凤坡的名字也由此而来。

2001年的春天，几位化石爱好者慕名来到落凤坡，他们想搞清楚落凤坡上的足迹是怎么回事。经他们考察认证，这些足迹产于侏罗纪的晚期，距今已有大约1.6亿年。足迹的制造者是一群两足行走的恐龙。根据足印的大小，行走的步法，印迹的深度，他们推断出这些恐龙的大小与马鹿差不多，体长估计2米左右。它们是一种两足行走的肉食性恐龙，这类恐龙属于兽脚类，著名的电影《侏罗纪公园》中那残暴的霸王龙就是兽脚类恐龙。它们的后肢长，前肢短，以趾着地行走，用三个脚趾。落凤坡这一串串的足印，排列得很有规律和方向性，人们推测这些恐龙正在趟水过河或是在湖边的细泥沙地带走向水源去喝水，喝水后再返回岸边的丛林。它们是三五成群，也许是一个家族结伴而行，慢悠悠地走向水源。从足迹上可以看出，这些恐龙过着小群居的生活，与现在的狼和狐差不多。赤城县落凤坡恐龙足迹化石的发现，引起了人们极大的兴趣，当地人计划进行发掘，将落凤坡开发成旅游景点，供人们参观了解亿万年前的恐龙。

最早的羽毛化石印迹

1992年冬，世界上几位著名的化石印迹学家：美国人马丁·劳克利、杰米斯·费劳和波兰人格拉德·珂琳斯基，在冰天雪地里驱车数千千米赶到美国的马萨诸塞州的亚梅斯特城，去亚梅斯特学院的波拉特自然历史博物馆参观世界上采集的最早的一批恐龙足迹化石。这些足迹化石是在19世纪早、中期由地质学家爱德华·希珂卡从著名的足迹化石产地康尼卡蒂克谷地收集的。化石来自新英格兰的早侏罗世砂岩。爱德华·希珂卡用了他毕生的精力整理出版了两本专著和数十篇论文，但他并不知道他所记述的恐龙足印化石是北美洲第一次记述的恐龙材料。在爱德华·希珂卡研究记录这些恐龙足印时，恐龙学刚刚在英国诞生，它是由大英自然历史博物馆馆长自然博物学家欧文爵士1842年创建的。爱德华·希珂卡认为，他研究的标本是一些大型的不会飞的鸟留下的足迹，因此，这些足迹和有羽毛痕迹的事也就未能使他感到惊奇。1858年之后，保存比较完整的标本开始大量地收

美国马萨诸塞州发现的奇趾足迹

藏于波拉特自然历史博物馆，同时爱德华·希珂卡也完成了他的专著。在1867年，美国最有权威的古生物学家费城的科普得出结论：马萨诸塞州新英格兰砂岩上的，像鸟一样的足印的制造者是恐龙不是鸟。3年后爱德华·希珂卡死了，后来的研究者对科普的结论也没有再提出异议。在爱德华·希珂卡时代，没有人对他采集的样品感兴趣。

1993年2月，格拉德·珂琳斯基等人在亚梅斯特城的波拉特自然历史博物馆看到了上千块恐龙足印化石。其中有一件编号为Ac1／7的标本，在爱德华·希珂卡的研究中被当成了一只呈蹲坐姿势的袋鼠印迹，最后归于一只鸟，并给它起名字叫作奇趾足印。1858年以后，这件标本曾被认为是一只恐龙坐在那里形成的，看过它的人也普遍接受这一看法。到了20世纪，科学家们认为奇趾足印的造印者是一种素食性的原始鸟臀类恐龙。但德国印迹学家华包利德对此表示了异议。

Ac1／7标本的确有些不同寻常的特征。它的大小约有4.5米，人们推测它是两足行的恐龙。在奇趾足印科分类中，Ac1／7的足迹是大的，奇趾足印科动物一般是2米左右。Ac1／7标本的两个外趾差不多是等长的，中趾也就是第三趾最长，这样它应与肉食的兽脚类恐龙相似，不应该是鸟臀类恐龙的样子。另外，它的脚掌印痕是趾行式，就像狗那样用趾行进，也较鸟臀类恐龙的跖骨长。

格拉德·珂琳斯基重新对Ac1／7标本进行了测定，认为它是一只正在休息的肉食的角鼻龙类的印迹，用现在恐龙流行的术语就是一只非鸟兽脚类。Ac1／7的标本曾被归类于不同的印迹分类中，先后有过各式各种的名字，也被当作有袋类、鸟类、鸟臀类恐龙，最后作为兽脚类恐龙。然而这些只是在分类学上对这一坐式印迹有意义的研究。

在Ac1／7的一对三趾的足印之间还有肚脐部分的印迹，即在肚子的后腹部，印有一心形的印痕。在鸟臀恐龙和兽脚类恐龙坐骨末端有一脚形突，它的功能与灵长类的屁股相似。所以在恐龙中蹲着印痕中坐骨的印痕常存在，而腹部的印迹很稀罕。像大多数陆生动物一样，恐龙也不希望它的肚子接触到潮湿的地面。当然，匍匐行走的爬行动物没有办法使肚子离开地面。而Ac1／7的造印者有完全直立的姿态，所以，它有这样的机会。幸好它的蹲坐有足够的倾斜度，它的肚子印痕被保存了下来。这只动物在蹲坐着的时候，略不对称，明显地有一部分肚子是放在右脚上的。这样就产生了一个保存得非常完好的肚脐印痕，虽然印迹较浅，但显得非常清楚，而且保存了皮肤纤维状的构造。这些肚皮的印痕非常相似于小鸭子肚皮上的绒羽。

格拉德·珂琳斯基对这次的观察没有立刻公开，他又做了多次的观察研究，用现在的动物的羽毛、毛发做印迹实验。同时，他也考虑到其他因素，如是否是无脊椎动物、植物印迹或是动物细鳞片拖出的印痕。经过多次研究和讨论后，格拉德·珂琳斯基于1996年10月，在亚利桑那州举行的“国际相陆侏罗纪会”上宣布了他的看法，这时中国的“带毛的恐龙”——中华龙鸟也刚好公布。但有人从传统的观点出发，仍然认为奇趾足印是鸟脚类恐龙造迹的，不可能有“羽毛”。格拉德·珂琳斯基认为它是第一只有皮肤纤维状“毛”的非鸟类动物——兽脚类恐龙，有“羽毛”的动物在地球生命史上出现也比原来想的要早得多。

Ac1／7是一块较大的标本，它是印迹在细粒的板状岩上。Ac1／7发现于马萨诸塞州的里利池化石坑中，此化石坑距化石存放地亚梅斯特城只有26千米。化石来自早侏罗世的湖泊沉积中。从前面谈到的我们已经知道，最早的有“毛”的动物是一只兽脚类动物，它出现在侏罗世早期恐龙繁荣的开始阶段。它比中国辽西白垩世早期发现的“带毛的恐龙”——中华龙鸟要早5000万年。按照化石发现的历史，爱德华·希珂卡的奇趾足印的发现比中华龙鸟早了150多年。奇趾足印的意义是：鸟类的演化可能开始于侏罗纪的早期，在此时与非鸟的小型手盗龙类恐龙分道扬镳了。如果果真如此的话，那么始祖鸟、孔子鸟、原始祖鸟等对于鸟类来说，都是那个时代残存的“活化石”。

恐龙蛋的故事

1993年4月，中国长沙海关扣押了一批准备偷运出关的恐龙蛋化石，这批恐龙蛋化石有80多枚，这是中国媒体首次报道恐龙蛋走私活动。1993年7月，新华社报道了一枚来自中国河南的恐龙蛋，正在德国接受高技术成像研究。随后世界媒体披露，在世界许多“矿石和化石市场”上有从中国走私的恐龙蛋化石的出售。英国一名化石收藏者购得了一枚含胚胎骨骼的恐龙蛋化石，要价数十万美元。中国恐龙蛋在国际市场上泛滥、盗掘走私之风在迅速蔓延。一时间，恐龙蛋成了媒体报道的热门话题。1993年11月，100多位中国科学院院士联名发出呼吁，给予恐龙蛋以保护和研究。这一呼吁引起了社会的巨大反响，保护“国宝”刻不容缓，从中央到地方，政府采取了紧急行动和措施，使得滥掘、走私之风得以刹住。那么，被人称作“国宝”的恐龙蛋为何身价如此之高呢？且让我们慢慢道来。

“金蛋”的发现

1923年夏，美国纽约自然历史博物馆组织的中亚科学考察团，在动物学家安得鲁斯的率领下，在蒙古南戈壁的巴仁扎达荒漠上找到了成窝的恐龙蛋化石和恐龙化石。这也第一次证实了恐龙是产蛋的动物。他们发现的这种蛋呈椭圆形，长度在16～18厘米，蛋壳外有小的纹饰和结点。这个发现成为当时科学界的一大新闻。后来，安得鲁斯为了筹措考察资金，把其中的一枚恐龙蛋以5000美元的价格拍卖给了科盖特大学，顷刻间，恐龙蛋就变成了“金蛋”。

这一“金蛋”的价格当时可以购买10辆豪华轿车，这当

我国河南西峡发现的恐龙蛋

然又成了媒体炒作的一大热点，并引起了一场不大不小的风波。有人批评美国纽约自然历史博物馆中亚科学考察团团长安得鲁斯卖蛋的行为，是科学界的丑闻。当时的巴仁扎达荒漠属中国管辖，中国北洋政府也对安得鲁斯的科学考察目的有疑，随后就禁止美国人随意在蒙古戈壁发掘化石。安得鲁斯的科学考察团不得不在1924年停止了一年的发掘，重新与中国政府谈判。在“金蛋”之风的影响下，古生物学家们纷纷奔走于世界各地，寻找恐龙蛋，也有人翻箱倒柜地想查找以往的发现中有没有恐龙蛋。法国人发现，早在1859年，有一个叫玻什的神父在法国南部的皮雷尼斯山脚下曾找到过一些蛋化石的碎块，经拼接成了一个直径约18厘米的圆形蛋。他当时认为这是一种大型的灭绝了的鸟产的蛋，因为那时恐龙也仅有3个属在英国发现。1957年，人们在皮雷尼斯山脚下又找到了大量的蛋化石，并推测这种蛋可能是一种大型的蜥脚类恐龙下的蛋。

20世纪50年代之后，恐龙蛋化石相继在美国、法国、西班牙、中国、印度、蒙古、阿根廷大量出土，而且种类繁多，保存质量也越来越好。恐龙蛋也不再是奇货可居的收藏品，收购价也不过百十来美元，但它却成就了古生物学中一门专门的“恐龙蛋学”。恐龙蛋为研究恐龙的行为学、生理学和繁殖学提供了绝好的资料。它们的埋藏形式与古环境有着密切的关系，为科学家们研究恐龙时代的环境提供了科学的依据。为了对恐龙蛋化石的结构进行研究，古生物学家们采取了新的科学测试方法和手段，利用显微磨片的方法，观察蛋壳的形态结构，建立起了一套新的恐龙蛋化石分类方法。世界古生物文献中每年都有关于恐龙蛋的研究报告。中

恐龙蛋内的胚胎

国是恐龙蛋发现最多的国家，其中以河南的西峡、内乡，湖北十堰的郧阳为最多，已出土的蛋化石有13种，多达几万枚。如今，在西峡恐龙蛋陈列馆中就有上千枚。

慈母龙的发现

任何生物都要传宗接代，繁衍生殖是生物的特征之一。人们无法直接观察到一些已经灭绝了的动物的生殖行为，比如，它们是如何交配的，又是怎样下蛋、孵化和育儿的。对这些，科学家们只能通过化石，借助于现在的动物行为来分析和推测。比如，恐龙是爬行动物，人们就推测它们也应像现在的爬行动物一样，是产蛋繁殖的。有些恐龙与鸟类的亲缘关系相近，它们也许有着与鸟类似的生殖行为，比如筑巢、亲子等。恐龙蛋化石及恐龙巢穴的发现验证了这些推断是对的。

根据已发现的恐龙蛋化石，科学家们知道某些恐龙的生殖行为与鸟类相似，它们也有筑巢的本能。动物在产蛋之前必须准备一个地方，以接纳它的蛋，这样的地方称作巢。不同的动物有着不同形式的巢，有的鸟巢构成简单，只在地上做一个凹坑即可；而有的巢，像金丝雀的巢，就构筑得非常精巧、秀丽；有的巢用的材料较特殊，如燕窝。尽管恐龙的巢穴在沉积埋藏时，由于环境变化很难保存完整，但就发现的巢穴来看，也可以看出恐龙蛋化石在巢中有序的排列。它们垒砌成层，这种蛋多是长形，如窃蛋龙巢中的蛋。1995年，在河南西峡曾发现一窝长形恐龙蛋，巢穴中共有24枚

河南西峡发现的世界最大的一窝恐龙蛋

蛋，蛋长约46厘米，巢穴直径2.4米，是世界上现知最大的一窝恐龙蛋。但有些恐龙蛋在巢穴中的排列散乱无序，这种蛋多是圆形的，有人推测这种无序的蛋可能是大型蜥脚类恐龙下的。

科学家们根据恐龙的巢穴结构和形态，可以了解某些恐龙的生育行为。美国蒙大拿大学岩石博物馆的恐龙学家杰克·哈纳在蒙大拿州的恐龙蛋山上，发现了一种鸭嘴龙的巢穴以及许多幼年鸭嘴龙骨骼。这种巢穴一般是椭圆形的，长为1.2～1.5米，深为0.6～0.7米，巢穴内有植物枝叶填充。这种巢穴类似于长吻鳄的巢穴，蛋用植物盖起来，雌鳄常守护在旁。杰克·哈纳分析了巢穴构造和鸭嘴龙幼仔的骨骼生长曲线后，推测这种鸭嘴龙和鸟类生殖的行为相似，它们有喂养、保护的亲子行为。他给这种鸭嘴龙起了一个很好听的名字叫慈母龙。巢穴在恐龙蛋山上的密集分布，说明慈母龙有亲子群居的行为。杰克·哈纳对慈母龙的研究，说明鸭嘴龙可能有迁徙行为。在生殖季节，它们成群结队地来到繁殖地产蛋育子，繁殖期结束后就带着幼仔返回生活地。1989年，中国—加拿大恐龙考察队在北极圈内发现了鸭嘴龙化石，这使人们更加确信鸭嘴龙就像现在的驯鹿一样，过着迁移的生活。

慈母龙的巢穴和它的幼仔

九、改天换地的大灭绝

● “恐人”出现过吗

在加拿大的首都渥太华的国家科学博物馆里，有一尊怪异模型。第一次看到它的人，会觉得好玩和吃惊，除了大得出奇的眼睛、长得吓人的尖嘴巴和绿色的皮肤外，它和人是那么的相像。这尊怪异模型没有尾巴，直立的两腿跨着大步，上肢悠闲地晃荡在体侧，三指的手轻轻地对握。它就是拉塞尔设想的“恐人”模型。

拉塞尔是世界著名的恐龙学家，他根据驰龙的大脑、视神经的构造、骨骼的框架，复原了他称之为“恐人”的模型。他认为“恐人”如果按正常生命进化的话，这种恐龙差点儿就演化成了具有高度智慧的人形动物，成为今日地球上的主宰者。恐龙也许本该是地球的主人，那么“万物之灵，宇宙之精华”的人类，恐怕还在像它们的祖先——狐猴类那

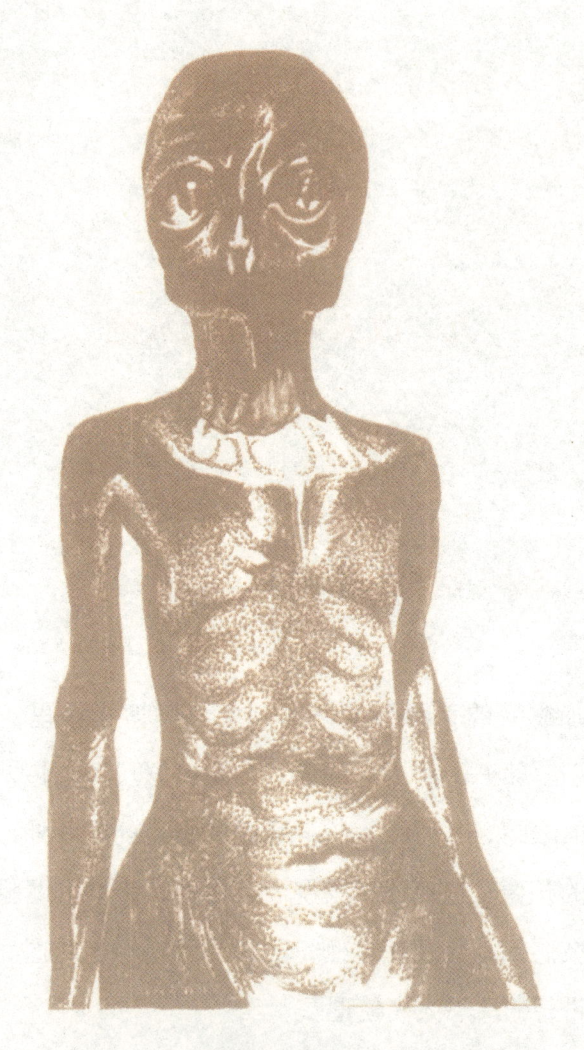

拉塞尔的“恐人”

样，躲在树上，用恐惧的大眼，盯着那傲视一切的恐龙呢！但是，一场灾难使恐龙从地球上消失了。拉塞尔相信是小行星撞击地球引起了这场大毁灭，如果没有这场灾难，驰龙会足以发展进化为高智慧的动物。但是，一场灾难毁灭了恐龙，反而成全了人类。原来人类来到世上，也属偶然啊！

● 神秘的K／T界线

6500万年前，也就是中生代的白垩纪末期，陆地上的恐龙、天空中的翼龙、海洋中的鱼龙以及蛇颈龙和许多其他的占当时生物70%的动、植物灭绝了。人们不可能知道当时真正的情况，也没有人知道这是为什么？又是怎么发生的？

近几十年来，在恐龙学界流行着一句话“祸从天降”：即一次突发事件导致了许许多多原本生活在陆地和海洋中的生物退出了历史舞台，销声匿迹了。这其中也包括傲视地球称王称霸的巨无霸——恐龙，也败下阵来。在漫长的岁月中，恐龙已经走到了中生代和新生代的连结点K／T界线。在这里，K是白垩系的代号，T是新生代第三系的代号。这悲壮一幕的杀手竟是一颗天外来的小行星。而发现这个杀手的就是美国加利福尼亚州立大学的阿佛雷茨父子俩领导的科学小组。

这个科学小组在意大利的奥比谷地区的K／T界线上发现，一种叫铱的元素非常富集。通常情况下，铱在地球上呈现一种金属状态，它们存在于地核内，地表非常稀少。奥比谷地区富集的铱来自哪里呢？科学家们认为，地表大量的铱是由陨石从外层空间带来的。铱在K／T界线的富集，应是一次大的天外来客撞击地球的结果。因而他们设想一颗直径在10～15千米的巨大陨石，如同上百颗原子弹爆炸一样撞击了地球，这次撞击扬起的大量尘暴，阻断了太阳日照达几个月之久。这样就阻碍了植物的光合作用，造成了温室效应，影响了地表的温度，形成了极强的酸雨，杀死了土壤中的大量微生物。这种食物链与气候的变化足以造成众多的生物灭绝。撞击的结果也造成了铱富集在撞击界线处。

目前，科学家们在全球已发现有60多处铱富集区，它们都位于K/T界线的沉积层中。科学家还在某些地点，发现了撞击时高温高压下形成的硅质玻璃小球体。然而，反对者认为铱的富集可以由火山喷发引起，这些富集的铱是从地核深部带出来的。科学家们还收集了夏威夷火山喷发时带出的含铱气体，这些气体中铱的含量比熔岩中的铱高出1万倍。因此，他们不同意撞击学说。

● 小行星撞击的有力证据

一颗巨大的、能够造成灭绝效应的陨石，撞击到地球必然会在地球上留下巨大的陨石坑，人们一直在寻找这样的陨石坑。20世纪90年代，科学家们在位于墨西哥犹加顿半岛及邻近墨西哥湾地区，发现了一个直径达180千米的陨石坑，经放射性同位素测定，这个陨石坑的年龄在6498万年。白垩纪末期，也就是恐龙灭绝的年代，距今有6500万年，两者的误差在2万～4万年。相对于6500万年，2万～4万年的误差是非常小的，这给了小行星撞击论有力的支持。如果这个理论成立，那么非鸟类恐龙的灭绝必定是在瞬间发生的。

但是，从亚洲大陆和北美大陆众多的恐龙化石产地中，科学家们发现，化石记录的灭绝过程都在10万年以上，在灭绝前恐龙的属种量已经开始走向衰减。这是为什么呢？这是撞击论所不能解释的。撞击论另一个难解的问题是为什么还有幸免者？按照撞击论的观点，恐龙等生物灭绝是被杀死的，这也就很难有幸免者存在，可是与恐龙一起生活过的鸟、鳄、龟、蛇、蜥和哺乳动物等都存活了下来。看来撞击论并不能很完美地解释恐龙的灭绝。

在我国广东省的南雄盆地，白垩纪晚期的红色堆积岩层中，有许多恐龙蛋化石。科学家按地层，一层一层地采集蛋化石样品做分析，他们发现恐龙蛋壳中有许多化学元素的含量异常，这可能会引起蛋壳由厚变薄，蛋壳的显微结构也变得畸形混乱。科学家们认为，化学元素含量的异常引起了恐龙蛋的发育不正常，使这些蛋不能孵化，从而引起了恐龙的灭绝。

无论怎样，有一种情况确实发生了。这就是幸免者中的哺乳动物经过一段不长的历史阶段，很快就适应了新环境，加速了进化和变异，它们占领了恐龙腾出的生态带，形成新的王朝，新生代——“哺乳动物的时代”来临了。

● 渐进灭绝论者的理论

有些科学家认为，恐龙灭绝是渐进式的，它是地球本身和恐龙的自身缘由引起的。目前，有一些科学家认为吃植物的恐龙之所以灭绝，是因为这些恐龙原先是以蕨类植物、裸子植物为食，然而后来由于显花植物在白垩纪迅速崛起，被子植物演化成了植物界的主体。这种植物含有植物碱，恐龙不能适应这种植物而中毒死亡，素食恐龙的灭绝进而影响到了食肉恐龙的生存。这听起来似乎很有道理，但是，目前科学家们在化石中没有发现任何这类线索。还有人认为恐龙太过于庞大了，以至于不能适应生存而灭绝，但这类假说也得不到化石资料的支持。因为恐龙化石记录显示，在中生代的中期，恐龙有些是巨大的，如梁龙、腕龙、马门溪龙等，但是到了白垩纪晚期，也就是恐龙接近灭绝的时候，恐龙的体型并没有显著增大的现象。许多体型相对较小的恐龙却持续繁殖，一直到白垩纪结束。

还有一些古生物学家认为，哺乳动物崛起后与恐龙发生了食物竞争，它们侵占了恐龙的地盘，或者它们开始吞食恐龙的蛋，在这场竞争中恐龙败下阵来，才造成了恐龙的灭绝。但这一假说也很难成立，因为化石的记录没有出现任何这种竞争的迹象。事实上，科学家们在化石记录中却发现，所有的哺乳动物在白垩纪时，体型都像老鼠那样的大小，那时的哺乳动物是一群非常少见的动物类群，它们完全生活在恐龙的阴影下，不可能对恐龙构成任何威胁。恐龙在大灭绝前，哺乳动物毫无办法与它们分庭抗争，显然这种竞争假说解释恐龙灭绝事件没有多大的说服力。哺乳动物是在恐龙灭绝以后才开始逐渐适应环境的，化石记录显示，在中生代的最晚期恐龙仍然是一群占优势的物种，它们如日中天。那么，恐龙的灭绝究竟是不适应环境？还是遇到了突发的不幸事件呢？直到今天，这一重大问题仍然使科学家们常常感到迷惑不解。

● 环境灾变的恶果

有一些科学家常提到严酷的气候改变是引起恐龙灭绝的主要原因。他们认为气候环境改变常常与地壳板块构造运动、海陆位置缓慢的改变结果相关联。在白垩纪时期，大陆内部的广阔区域常被浅海覆盖着，如北美落基山脉的东部曾被海水淹没。从不同的资料来源分析，科学家们发现白垩纪晚期的气候较今天的气候更为暖和，那时一年四季的温差不大。这是由于广布于大陆上的浅海起了作用，这些浅海缓冲了空气温度，使那时的气候相对稳定。然而，在白垩纪结束时，地质记录却显示这些海水开始从大陆内部撤出，回到了当时的主要大洋。此时，大陆上的气候就突然变得严峻起来：白天较温暖，夜晚较寒冷，一年的四季也变得分明起来，有了严酷的冬天，雨量也随之减少，大地开始干燥而沙漠化。由于恐龙无法忍受这种极端气候的改变，而逐渐灭绝了。这听起来似乎也有一定的道理，但为什么“冷血的动物”像蜥蜴、蛇、龟鳖、鳄类却能活下来呢？为什么这些“冷血的动物”能忍受住气候的变化而恐龙反而不能呢？要知道恐龙的体型较大，它们对热量的吸收和散失较小体型的蛇、蜥蜴之类要恒定得多，它们能忍受的气温变化更要大一些，何况恐龙是一群“温血的动物”，应该更能适应环境才对呀！

还有一些科学家认为，在白垩纪的末期，火山喷发频繁，熔岩横流，火山烟灰弥漫，常造成大气严重污染，酸雨形成，杀死植物，阻断了生物链，这样引起的大灭绝与小行星撞击效应相似。而且这些科学家还引用了例证，他们认为在白垩纪末期印度半岛就有数百万平方千米的火山岩流覆盖着。

但鸟类来自恐龙又是怎样的一种假说呢？越来越多的科学家认为，鸟是恐龙的后代，现如今正是鸟们繁荣昌盛的时代。这也就可以说，恐龙并没有灭绝，它们正翱翔于蓝天白云之间，恐龙灭绝仅仅是一大群不幸的“非鸟恐龙”的灭绝。

十、鸟类的祖先

大自然的骄子——鸟

今天，鸟类是我们这个星球上最成功的一类脊椎动物。它们生活在地球的各个角落，从南极到北极占有着所有的生态带。现在自然界中总计有9000余种鸟类生存，大约有300亿只。我们一年四季都可以看到鸟的行踪——莺歌燕舞，鸽翔雀鸣，雄鹰展翅，布谷催春，更有“两个黄鹂鸣翠柳，一行白鹭上青天……”。鸟类的生存，使得自然界的景观更加丰富多彩，生机勃勃。

鸟类与人类的生产劳动和生活有着密切的关系。在北京周口店猿人洞中，就存在许多鸟的遗骸，考古学者认为它们是被北京猿人猎取，带进洞中当作食物的。在史前人绘制的岩画上就有鸟的形象，一般人的童年就注意到了天空自由翱翔的鸟。

鸟类色彩艳丽，歌喉清亮。较小的鸟，如蜂鸟体重仅有4克，而有些大的鸟可达上百千克。一年之中有些鸟常驻故土，叫作留鸟；而有些鸟在有规律地进行迁移，冬来春往，年复一年，称作旅鸟。爱鸟、护鸟和观鸟是一项非常有意义的环保活动。然而，在距今大约1亿5000万年前，侏罗纪的晚期，地球上却没有能飞翔、会鸣唱的鸟。现在我们想知道的问题是：鸟类是什么时候开始出现在地球上的？鸟类的祖先是谁呢？

就眼下发现的化石记录而言，1861年，在德国发现的始祖鸟化石，被生物学家视为地球上的第一只鸟。

早期的鸟类有牙齿，前肢残存有带爪的指，胸骨的龙骨剑不发达，跗跖骨愈合不完全，有尾，叫作古鸟类，也称蜥鸟亚纲；另一类称新鸟类，也叫作今鸟亚纲。今天随意问一个人，什么是鸟？他都会告诉你：“鸟有羽毛，前肢变成了飞行的翅膀，鸟的嘴巴里没有牙齿，鸟是温血的动物，鸟能产蛋，会孵蛋。”这是今天人们常见的“新鸟类”。

人们不是常问“先有鸡，还是先有蛋”吗？但他们不会把鸟与那可恶的、产蛋的爬行动物——蜥蜴和鳄鱼联系起来。可是在早期化石鸟的骨骼上，的确与这些令人讨厌的爬行动物的骨骼有许多相似之处。随着化石的发现，这些相似的特征越来越多，特别是与一类小型的恐龙——肉食的兽脚类恐龙的骨骼极为相似。美颌龙、恐爪龙和中华龙鸟的发现，达到了是“龙”是“鸟”很难划分的地步。鸟化石鉴定较难，第一是因为一般鸟羽很难保存，原始鸟的头骨和肢骨又与小型的恐龙相似，如我们已经看到的那样，许多恐龙被鉴定成鸟；第二，至今我们尚没有一个可靠的方法，能鉴定出动物化石生理特征，比如，它们是冷血的还是温血的。尽管这样，人们仍相信鸟是从爬行动物进化出来的。鸟是由产蛋的爬行动物进化来的，在科学上已毫无争议。人们现在争论的是，它们究竟是在何时、由哪一种类的爬行类动物进化出来的？这至今仍是个谜。要了解这个问题还要从始祖鸟——地球上第一只鸟说起。因为始祖鸟化石不仅能说明它与恐龙血缘关系很近，而且在有关鸟类起源的化石中，是最具代表意义的物种。

● 始祖鸟的发现

1859年，达尔文的《物种起源》的发表，带来了科学思想体系的世界性变革。但仍有人不以为然，他们认为化石记录仍缺乏中间型生物的环节。恰在这时，人们发现了始祖鸟化石。始祖鸟所具有的爬行动物与鸟的双重特征，使它成了进化论者强有力的武器。

科学家们认为，1亿5000万年前，也就是说在侏罗纪的晚期，地球上第一只会飞的鸟出现了。在1亿2500万年前，最早的今鸟类开始爆发；地球上绽放出了第一朵花，显花植物诞生了；采吸花粉的昆虫也大量繁衍了起来。鸟类发育出了带羽毛的翅膀、强壮的飞行肌肉和协调行动的大脑神经系统，它们完成了生理机制的变革——温血机理。科学家们从化石的证据分析发现，这个演变进化过程可不是一朝一夕完成的，完成这一过程大约经历了几千万年，它包含着不同的阶段和步骤。

第一只确切的鸟化石是始祖鸟，它发现于德国的南部巴伐利亚州。在这个州的索伦霍芬地区，裸露有许多沉积细粒状的石灰岩，这些石灰岩常被作为建筑材料、雕刻或应用于石版印刷从而得到广泛开采，所以，这些石灰岩又被称为印版石石灰岩。这些石灰岩沉积的时代是侏罗纪的晚期，距今大约1亿5000万年前，它们沉积在近海潟湖相的环境中。在这些石灰岩中，人们发现了非常丰富的动物、植物化石。1860年，这里出土了一根古老的羽毛化石，羽毛有68毫米长，羽上的羽翮有11毫米宽，而且羽轴、羽枝和小羽枝都很清楚。德国古生物学家迈耶详细记述了这根羽毛化石，迈耶当时推测这只鸟是地球历史上出现得最早的鸟，是鸟类的始祖，所以就起名叫它始祖鸟，它的拉丁文意思是“古羽”。因为这根羽毛保存在印版石石灰岩上，所以就叫作印版石始祖鸟。

1861年，人们在索伦霍芬地区又发现了一个完整的动物骨架，骨架上有羽毛，而且与上面提到的那根古老的羽毛很相似，但这个动物骨架的骨骼存在许多爬行动物的特征：

印版石始祖鸟

如手上长有爪，有一长串的尾椎骨。这一发现引起了索伦霍芬当地一位药剂师哈贝莱的注意。哈贝莱收购了这个骨架。1862年，他将这块化石以700英镑的价钱卖给了大英博物馆。这块标本被称为伦敦大英博物馆标本。

始祖鸟的骨骼具有爬行动物与鸟的双重特征，在生物的进化上，它是一只典型的具有过渡性质的动物，它成了生物进化论者们强有力的武器。进化论者认为，始祖鸟恰好是爬行类动物进化到鸟类的“缺失的环节”，它正好填补了两类动物之间的空白。这个动物化石不仅在解剖上呈现出了中间类型的特征，而且在时间顺序上也正好处于爬行动物与鸟类之间。始祖鸟化石的发现，有力地证实了达尔文的进化论的推论。有关始祖鸟的描述是这样的：

始祖鸟的大小和一只乌鸦差不多。它是原始的鸟类，因为它身上已有羽毛覆盖，前肢有发育很好的飞羽。始祖鸟的锁骨已形成一般鸟类具有的叉骨，耻骨向后伸长，脚上有四趾，拇趾与其他四趾对生，而且它的第三掌骨与腕骨愈合，这是以后鸟类掌骨都愈合成腕掌骨的开始。始祖鸟本身还保留着许多爬行类动物的特征：如嘴里长有尖圆的牙齿，前肢有三个残存的指爪，跖骨没愈合成跗跖骨；有一长尾，由20余节尾椎骨组成。古生物学家们推测始祖鸟还不能很好地飞翔。

1877年，科学家们发现了始祖鸟第二件标本。这件标本保存了完整的头骨，颌骨上有尖锐的牙齿。这次德国政府用1000英镑买下了它，它被保存在柏林，人们称它为柏林标本。以后又相继发现了5件标本，其中最著名的第五件标本，也称作埃克斯特标本。埃克斯特标本保存得非常好，它是在1951年被发现的。它是一只个体较小的始祖鸟，仅有其他标本的2／3大小。第六件始祖鸟化石也是来自埃克斯特地区，它是被一位来自土耳其的打工仔发现的，这一标本现保存在米勒尔博物馆。第六件始祖鸟化石标本曾引起过一场官司，事情是这样的：矿坑主控诉打工仔无权将这件产自他的土地上的化石卖掉，米勒尔博物馆也不应该买这件化石标本。这件动物化石有较长的前肢，在左侧有羽毛的印迹。科学家们认为，这件动物化石有两个非常重要的特征在其他的始祖鸟标本中是没有的，一是完全骨化了的胸骨；二是下颌内侧有间齿骨板。因此他们得出结论：这是一个新种，叫作巴伐利亚始祖鸟。1987年，人们发现了第七件化石，该标本保存完整，骨骼差不多是自然连接的，保存在一块52厘米×39厘米的灰岩板上。这样科学家们已经找到了7件始祖鸟的骨骼标本化石。

从化石来看，始祖鸟的大小与乌鸦差不多，根据它们已经有了羽毛，说明它们已经是恒温动物了。从鸟类开始，脊椎动物开始由冷血动物进化到恒温动物。科学家们认为：始祖鸟能从地面上开始起飞，然后落到树上，它们在苏铁和南洋杉的树丛中滑翔。但始祖鸟没有现代鸟类那种减轻体重的身体结构，所以它们的飞行能力是很低的。

● 始祖鸟引发的风波

第一件始祖鸟骨架化石标本到了英国之后，引起了德国人的愤慨，有人指责巴伐利亚州政府将如此珍宝拱手给了大英博物馆，太丢面子，受到压力最大的是巴伐利亚州古生物采集中心的化石保管主任维格内尔教授。1861年的夏天，一个名叫维特的生物爱好者到慕尼黑去拜访了维格内尔，维特告诉维格内尔从索伦霍芬地区的石灰岩中，出土了一件带羽毛的动物化石，他在珀皮赫姆的地方医院中看到了化石。化石在药剂师哈贝莱的手中。维特建议维格内尔将它买下。但维格内尔从地层古生物学角度分析，他认为化石可能是一只带羽毛的爬行动物，而不可能是鸟。因为那时没有在侏罗纪的地层中发现鸟化石。当维特告诉他，著名的古生物学家迈耶，已经准备发表一篇关于索伦霍芬地区出土的羽毛化石文章时，维格内尔才决定派他的助手奥皮拉去索伦霍芬调查这块神秘的化石。

1861年11月9日，维格内尔根据奥皮拉带回来的报告，在巴伐利亚皇家科学院的《数学与物理学》期刊上，发表了有关这块带羽毛的化石——“伦敦标本”的论文。维格内尔却没有提到奥皮拉对化石的观察，也没有提到奥皮拉曾绘制了一幅化石线条图。他独自给这只动物起了个名字叫作神秘龙。4年后奥皮拉死了，年仅34岁。他的朋友，维也纳地质矿产学教授哈斯特得不平，将这事给捅了出来。根据哈斯特得教授的意见，奥皮拉访问珀皮赫姆小城是在1860年的冬天。如果是这样，伦敦标本可能发现于1860年，而不是维格内尔说的1861年。化石已是伊人嫁出，娶者春风得意，大英博物馆馆长欧文在1863年将化石做了详细的报道，他给它起了个名字叫作“长尾始祖鸟”，当然这个名字后来也不用了。

作为爬行动物向鸟类演化的一个实证的始祖鸟化石，代表了脊椎动物由陆地向空中发展成功的标志，一个多世纪以来，它一直受到人们的极大关注。在英国铁女人撒切尔夫人掌权的年代，政府进行改革，要裁减大英博物馆的雇员和削减经费时，大英博物馆两栖、爬行和鸟类部主任查里克博士带着骄傲风趣地宣称：大英博物馆没有经费怕什么？将价值连城的伦敦始祖鸟卖掉就可维持几年。谁知这话一出口，就招来了1980年伦敦标本的又一起风波。

1985年，来自英国卡迪夫学院的研究者霍尔和威卡马辛霍等人在英国的一本摄影杂志上发表了一篇文章，并登出了收藏在泰勒博物馆的始祖鸟标本照片。他们提出，这一著名的始祖鸟标本上的羽毛印痕可能是假的，对伦敦始祖鸟的羽毛印痕提出了质疑。他们认为羽毛印痕是人为的行为，是经过了加工，也就是说是个骗局。他们的实际理由是，化石表面的羽毛印痕是出现在一块质地比下层岩石结构细得多的物质之上的，这些物质是被压上去的，说明在化石发现后，有可能在化石上使用了某种胶结物，并在这种胶结物上伪造了羽毛印痕。他们还论及当时已知的五件始祖鸟骨架标本中的后二件都没有羽毛印痕保存。他们利用照相技术，以低角度打光，然后通过放大成高密度的黑白透明底片，打在屏幕上，曾检查出在索伦霍芬一块灰岩上，一只小恐龙被加上了羽毛的痕迹。检查者们确信痕迹是用现代鸟的羽毛压在人工造的“水泥”薄层上。这种“水泥”薄层是用同样的沉积岩捣碎磨成细粉后合成的。造假者再将它碾平在岩石板上压出羽毛印痕。他们认为制假是在达尔文的物种起源发表后，制作者的目的是为了证明进化论的正确。他们进而推测那位索伦霍芬的医生或某些参与者也有金钱的目的。消息刊出后，引起了世界媒体的关注，也使伦敦博物馆的专家们着了急。他们赶忙出来澄清事实，证明伦敦标本是真的。他们组织了一些科学家在伦敦大英博物馆里聚会，成立了专门的研究小组，对化石标本做了两项实验。他们从化石标本的边缘取下一小块作样品，做沉积学分析，以探查表面层和下层岩石颗粒大小和两层物质间是否有界线存在。然后他们对标本进行电子显微镜和X线的分析，大英博物馆两栖、爬行和鸟类部主任查里克博士特将标本带到日本，专门做了电镜扫描分析。一系列的验证表明始祖鸟的羽毛印痕是自然保存的。历史的悲剧往往重演，100多年前在始祖鸟的家乡造假的伎俩，如今在中国辽西北票孔子鸟的产地又大行其造假之道，而且手段更加先进，行为更加恶劣，使人防不胜防。

● 鸟是恐龙的后代吗

鸟类的起源曾困扰了科学家们130多年，从生物进化史推测鸟类的骨骼特征和产硬皮蛋的特征，可以知道鸟类是从爬行动物进化而来的。但在何时、又由哪种爬行动物进化而来的，至今仍没有最后的结论。

恐龙与鸟类有长期的不解之缘。英国博物学家赫胥黎认为，鸟是美化了的爬行类动物，他建议将鸟和爬行类动物分在一起，组成一个分类单元，叫作蜥形类。赫胥黎在研究对比了始祖鸟与美颌龙的骨骼构造后，发现它们之间有着惊人的相似，因此，1870年赫胥黎提出了鸟类起源于恐龙的理论。赫胥黎认为鸟类和恐龙都是直立的，它们都是两足行走的动物，促使它们的腰带上的肠骨和肢骨的关联相似，这些相似性唯一的解释就是在进化的过程中，它们可能是来自同一个祖先。然而，赫胥黎的这一假说当时并没有引起人们的注意，直到100多年后，美国耶鲁大学的奥斯特隆在1973年才又一次引证了赫胥黎的观点，正式提出了鸟类起源于小型兽脚类恐龙的假说。

1964年，耶鲁大学的科学家奥斯特隆在蒙大拿州的白垩纪早期的地层中，采得一具近于完整的小型兽脚类恐龙骨骼，奥斯特隆给它取了一个名字——恐爪龙。奥斯特隆还对恐爪龙进行了详细的生物机能分析，他发现恐爪龙除了具有高水平的运动技能外，它的肢骨也显示出了鸟类的结构。后来奥斯特隆到欧洲观察了几个博物馆收藏的始祖鸟标本，他将小型兽脚类恐龙，特别是奔龙类与始祖鸟从形态上做了详尽的比较，对恐龙的分类有了新的看法。他认为始祖鸟除了有羽毛能证实它是飞禽外，骨骼简直和某些小型兽脚类恐龙完全相似。1973年，奥斯特隆正式提出鸟类起源于小形兽脚类恐龙的假说。在列举了始祖鸟和恐龙之间的十多个相似的特征后，他感慨地说假如始祖鸟的羽毛没有被保存下来，

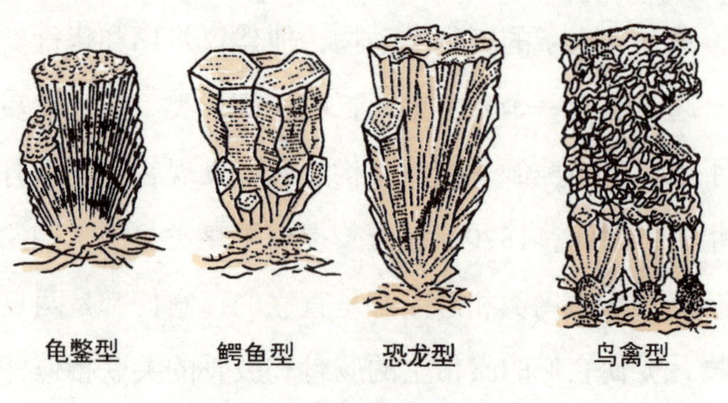

几类动物的卵壳结构示意图

那么任何一个古生物学家都会毫不迟疑地将它归于小型爬行动物——虚骨龙类。奥斯特隆对鸟类的起源做了如下的假设：三叠纪的假鳄类——晚三叠世或早、中侏罗世的虚骨龙类——晚侏罗世的始祖鸟——高等鸟。

从上面我们可以看出，奥斯特隆的出场才算揭开了人们关于鸟类起源于恐龙争论的帷幕。奥斯特隆写了一系列证据充足的文章，使大多数古生物学家为之折服。但他使用了传统的分类方法对待恐龙和鸟：他将恐龙放在了爬行纲，而鸟类自己则作为一个纲。这时他的一位才华出众的学生巴克出场了。巴克认为鸟类自身没有资格单独成立一个纲，仅仅因为它们能飞，就单独作为一个分类单元，这样没有太强的说服力。巴克还举例说，蝙蝠也能飞，但蝙蝠被放在了哺乳纲，没有任何人反对，为什么鸟不应放在恐龙纲中呢？

尽管支持鸟类起源于恐龙这一学说的声势日益浩大，然而，对恐龙起源假说的攻击和不信任并没有丝毫减弱。最主要的反对理由之一是，多数被用来和始祖鸟进行比较的虚骨龙类在时代上比始祖鸟出现得晚，或是与始祖鸟处于同一时期，这样按照进化的时间顺序，它们之间的祖孙关系很难得到解释。其次，虚骨龙类本身已经是比较特化的一个类群了，譬如它们的前肢已变得很短，第Ⅰ趾退化，形成不了鸟的翅和对握的大脚趾，不可能成为始祖鸟的祖先。第三，尽管鸟类和虚骨龙类确实存在很多的相似，但这些完全可以由它们各自独立地进化而获得，也就是说平行演变导致了这些相似，因而并不一定表明它们相互之间实际存在什么祖孙关系。第四，按生物进化的一般规律，生物的进化往往是由小的个体演化出大的个体，但目前所有与鸟类有缘的虚骨龙的个体都比始祖鸟大，这与一般规律相左。因此，虚骨龙类作为始祖鸟的祖先难于令人信服。

以上这些反对意见最具代表性的人物是美国堪萨斯州立大学的古鸟类学家马丁和北卡罗来纳大学的菲多西亚。马丁认为鸟类起源于鳄类。他所依赖的证据来自鸟类和鳄类的头骨解剖特征的比较，并认为奥斯特隆等人所坚持的恐龙起源说的主要依据是“虚骨龙类和鸟类的头后骨骼结构上的相似性是不可靠的”。

对于马丁的这种指责，奥斯特隆的拥护者中出了一员大将，他就是加拿大阿尔伯达省立迪雷尔古生物博物馆的菲力普·居理。居理是小型兽脚类恐龙专家，以擅长研究小型肉食恐龙的头骨和牙齿结构而闻名于恐龙学界。居理研究过伤齿龙脑颅化石，他在对比了伤齿龙与鸟类的脑神经结构的关系后，得出强烈的印证，居理认为它们之间有许多相似性，从而支持鸟类起源于小型兽脚类恐龙的观点。居理的出场给鸟类起源于恐龙学说注入了新的生机。

但争论并没有因此结束，北卡罗来纳大学的古鸟类学家菲多西亚，根据胚胎学实验对现代鸟类的胚胎早期进行了观察，他发现鸟类的手指是第Ⅱ、Ⅲ、Ⅳ指，而第I指和第V指消失了。但小型兽脚类恐龙的手指是第Ⅰ、Ⅱ、Ⅲ指，而第Ⅳ和第V指已消失了。因此，有人认为鸟类的手指与小型兽脚类恐龙的手指不是同源的。这些不同点使恐龙起源学说者们难以招架，所以他们认为，兽脚类恐龙不可能进化成为后来的鸟。

● 赫曼的学说

在1913年，当时有一位叫布罗姆的南非著名古生物学家，在详细地描述了一种叫作假鳄类的槽齿类爬行动物化石以后，正式提出了鸟类起源于槽齿类的假说。1926年，丹麦著名的古生物学家赫曼发表了他的第一部阐述鸟类进化问题的经典著作《鸟类的起源》。该书对鸟类起源于槽齿类这一假说进行了有力的分析和支持。由于该书极具权威性，影响甚广，在近一百年的时间里，在几乎所有涉及鸟类的起源问题的教科书和科学论述中，人们纷纷引用赫曼的这一观点。赫曼认为生物的进化特征是不可逆转的，那些骨骼像鸟的小型兽脚类恐龙，不应被认为是鸟类的祖先。其理由是小型兽脚类恐龙已失去了锁骨，它是不可能再返回而演变成鸟的叉骨的。而鸟类的叉骨位于肩带和胸骨的前方，科学家们认为鸟类的叉骨与爬行类的锁骨同源，在原始爬行类动物中，它是一对发育很好的没有愈合的骨头。赫曼认为鸟和恐龙是来自于同一个祖先，这个祖先就是三叠纪时期的槽齿类动物。

但鸟类起源于槽齿类动物的学说，多年来更是不断地遭到挑战。首先是在小型兽脚类恐龙中，如疾走龙、驰龙和窃

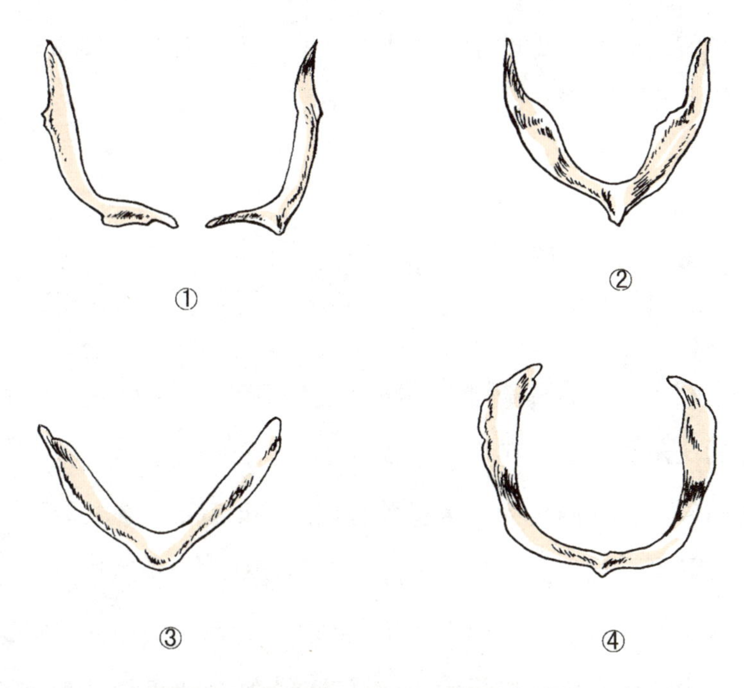

与鸟类的叉骨同源的爬行动物锁骨进化过程

①原始爬行动物 ②小型兽脚类动物 ③始祖鸟 ④现在的鸟类

蛋龙的骨骼中找到了锁骨，这说明赫曼的上述反对理由并不能成立，这也就可以说小型兽脚类恐龙有可能进化成鸟了。而美国的另一位科学家高第尔则从哲学的角度予以了反驳。他分析说，槽齿类并不是一个可以独立的自然类群，它是一种人为的组合。换句话说，它是一个基本的主龙（古龙）类群。恐龙、鸟、鳄类和翼龙等都可以说是由古龙演变而来的。因此，说鸟类起源于槽齿类无异于说鸟类属于古龙类，而这等于什么也没说，因为这一点几乎谁也不会怀疑。问题是，鸟类究竟是和哪一类自然分化的类群的关系更加接近？是和恐龙、鳄类还是别的什么类群更近呢？或者是和恐龙中具体哪一类有更近的亲缘关系呢？只有对这样的问题做出了回答才真正有意义。

● 鳄类起源假说

鳄类起源说是鸟类起源的第三个假说。在1972年，英国的沃尔克提出了鸟类和鳄类关系较为接近的假说，这一假说后来被大家简称为鳄类起源假说。几年后沃尔克放弃了自己的假说，加入到了恐龙起源学说的行列。但美国堪萨斯州立大学的古鸟类学家马丁在研究对比了鱼鸟、黄昏鸟的牙齿后认为，这两种鸟类的牙齿与早期鳄类的相近。他认为这两种鸟的牙齿着生在齿槽中，牙齿尖圆，略弯曲，有一较大的牙根。牙齿的形态特征与牙齿的替换方式也与鳄类的牙齿相似。所以马丁仍坚信沃尔克鳄类起源学说是正确的。下面是科学家们对黄昏鸟和鱼鸟的一些特点的描述：

黄昏鸟：在白垩纪时，有一种黄昏鸟离开了进化的主干而变得不能飞行，成了一种游鸟，这种游鸟在北美洲分布的很广泛。黄昏鸟像现代海洋中的鳍脚类的海象和海豹那样，用它们身体的腹部在地面上滑行。这种鸟与恐龙一起消失在6500万年前。

鱼鸟：鱼鸟有一个较长的喙嘴，有牙齿，适于猎食鱼类。多数人认为这种鸟生活在海岸边，以食鱼为生，它的胸

黄昏鸟

骨肩带和翅膀与始祖鸟相比是非常发达的。鱼鸟与一只海鸥大小差不多。

鱼鸟

● 争论远没有结束

按照生物进化理论，鸟类的进化时间，应开始在晚侏罗纪之前，也就是距今1亿5000万年始祖鸟出现之前。但科学家们却缺少早期鸟类化石的证据。美国得克萨斯州技术大学古生物学家桑卡·卡特吉给人们带来了一线希望。

1983年的夏季，卡特吉和他的学生斯迈尔在得克萨斯州的三叠纪晚期的地层挖掘时，偶然发现了一些小的具有中空的骨头。起初他从化石踝部关节判断，认为是小型恐龙，这些骨头很小，估计比鸡的还要小些。在实验室里，卡特吉发现这只动物有特殊的特征，如有胸骨、锁骨（叉骨），这些是鸟类特有的特征；颌部也有鸟类所具有的中空构造；具有弹性的方骨，非恐龙的颌骨构架。卡特吉拿头骨化石与始祖鸟的相比，又与伤齿龙的头骨相比，最后他宣布他的标本有23项显著的鸟类性状。他的结论是他找到了一只“真正的鸟”。他给这只动物起了一个名字“原鸟”，意思是第一只鸟。

卡特吉的发现引起了一些人的怀疑，有的人认为卡特吉采到的动物不可能是鸟。这或许是因为“原鸟”的出现打破了恐龙是鸟类始祖的流行观点。但堪萨斯州立大学的马丁，作为古鸟类学者，对卡特吉的发现给予了支持。他邀请了卡特吉带着标本来到堪萨斯州立大学逗留了一周。经马丁鉴定，化石有30多种性状与现代鸟类相似，马丁认同“原鸟”是鸟类的先祖。如果此物不假，鸟类的历史将向前延7500万年，也就是说，鸟是与恐龙、翼龙和哺乳类同时出现的，鸟类的起源可能又要返回到赫曼的假说了。

● 辽西北票鸟类的摇篮

1亿5000万年到1亿1000万年前，也就是从侏罗纪晚期到白垩纪早期，一条巨大的水系，流淌着纵贯于古欧亚大陆的东部，串起湖泊、沼泽和洼地，形成了一条亘古大河流域，展开了亿万年前陆生动物转型演变的历史舞台。1亿3500万年前，也就是孔子鸟生活繁荣的前夜，这里的气候温暖湿润，森林茂密，这是一种被称为日本手取植物的植物群。辽宁省西部（辽西）正处在这一区域的东段，它濒临太平洋，火山喷发频繁，气候、环境不断地剧烈变化着，这引发了生物物种的多次新生和灭绝，新生和适应的不断发展，就逐渐形成了一个多变的小环境。在这种多变的环境下，就产生了生物的丰富多样性。喷发的火山灰营养了土地，催促着生物基因库的变异，生物在不断变化适应的过程中产生出了新的门类。辽西成了一个生物演化的陆岛，一个新生命诞生的世外桃源，演化出了当今各类生物物种的始祖。鸟类的起源、现代哺乳动物的起源、显花植物的起源，无不得益于此。从此它们开始迅速发展，开始走向世界，走向繁荣。

那时的辽西是山峦重叠，几座沉寂的火山锥耸立于其间，山间有开阔的大小盆地，盆地中有清澈的湖泊，潺潺的溪水，流淌的河流。山地丘陵上森林茂密，粗大的柳杉，胸径可达2米，高可达50多米，高耸入云的落羽杉林郁郁葱葱，遍布在湖边沼泽和湿地的平原上。树梢上孔子鸟、辽宁鸟正在筑巢育子，从林下长着各种蕨类，林外苏铁、银杏、松柏随河流向山上蔓延，在那湿漉漉的岩石旁，一株不起眼的红黄色的小花——辽宁古果，在微风中摇曳。地球上第一批有花植物萌生在辽西大地上，引发了万紫千红的世界。矮小灌木丛中一只火鸡大小的中华龙鸟，正在追捕一只耗子大小的“张和兽”，几只长着羽毛的尾羽龙正在湖边开阔地上，抖擞着那美丽的羽毛向异性求爱。湖里成群结队的狼鳍鱼、北票鲟在畅游。一只蜻蜓静悄悄地矗立在一枝枯枝上，注视着那笨拙的满洲龟慢慢地爬上岸来晒太阳。气候是温暖、湿润的，一派南国亚热带风光。这里似乎是那样的自然和谐而安详，好像世外桃源。突然！远处的一座火山口喷发出滚滚浓烟，随之尘暴铺天盖地倾泻而下，惊动了林中鸟兽和水中鱼虾。它们开始骚动起来，然而，不等它们明白是怎么回事，火山就吞食了这群生灵，将它们陈封在了辽西亿万年前的大地。

辽宁西部的北票就是这些生灵化石的著名产地。化石非常丰富，门类十分齐全，包括有鱼类、龟类、鳄类、翼龙类、恐龙、蜥蜴、鸟类和哺乳类，以及各种无脊椎动物和被子植物的化石。它们几乎涵盖了现代所有生物门类的祖先类型。这一动物群的众多成员是在多次火山爆发时遇难的，它们很快地被降落下来的沉积颗粒掩埋了起来。北票四合屯是古鸟类最集中的墓地，就好像一座火山灰掩埋的“庞贝城”。庞贝城在意大利的那不勒斯湾的撒诺河入海口处。它依山傍水，是一座古老而闻名的古城。早在公元前9世纪时，奥斯坎人在这里建城，后来为罗马人所征服。在罗马统领时期，庞贝城极其繁荣，建造了许多著名的建筑：论坛浴厅、维纳斯神庙等。公元62年，庞贝城遭到了一次大地震的破坏，庞贝城人民在震后进行了艰苦卓绝的恢复建设工作。然而，谁也不会想到的是公元79年8月24日，维苏维也斯火山突然喷发了，2.5米厚的火山灰迅速地掩埋了庞贝城，1万余居民罹难。1900多年后的今天，人们重新发掘了庞贝城，如今这里成了人们悼念和旅游观光的胜地。

在辽西北票发现的化石大多保存异常精致，它们有爬行类动物的皮肤、恐龙的“绒毛和羽”和鸟的羽毛以及昆虫的翼膜印迹。各类化石保存之完美、印迹之清晰甚至可以与德国著名的索罗霍芬的化石相媲美，并有过之而无不及，实在是20世纪末发现的化石大宝库。它为探索陆上生态系统的演变过程与规律，提供了最珍贵的证物。

在辽西发现的三塔中国鸟、燕都华夏鸟化石是小型的反鸟化石，它们的大小与一只鹌鹑差不多，嘴里有锥状的牙齿，前肢有爪。反鸟类是生活在中生代晚期，特别是早白垩世时期常见的一种小型的鸟类，因为这种鸟的跗跖骨在近端愈合，这与后来的鸟类在跗跖骨远端愈合不同，因而被鸟类学家称为反鸟。

时间流逝到了20世纪90年代，石破天惊，一系列的早期鸟类化石、带“羽毛”的恐龙化石和早期有花的植物化石以及原始的哺乳动物化石相继在辽西北票四合屯出土问世。因此，辽西北票四合屯成了世界古鸟类化石最著名的产地。

孔子鸟——中国第一鸟

1995年，我国科学家侯连海等发现了一件来自北票四合屯的鸟化石——圣贤孔子鸟。孔子鸟的大小与鸡相近，它有一个发育的喙嘴，这是目前世界上发现的第一只真正有鸟喙的古鸟。孔子鸟的头骨没有完全愈合，上下颌没有牙齿，尾椎骨退化，尾巴短，胸骨发达，肱骨比桡骨长，肱骨上有一个大气囊孔，手上长有三个长的带爪的指，尾的末端有长的尾综骨。孔子鸟生活的时代比始祖鸟生活的时代要晚，它是生活在白垩纪的早期，距今大约有1亿2500万年左右的时间。通过上面的描述我们可以知道，孔子鸟的形态特征比始祖鸟更要接近现在的鸟类。

孔子鸟的发现过程是这样的，1994年侯连海得到辽宁省建平县一位基层干部的来信，信上说有块鸟化石被他的一位朋友收藏。侯连海看信后从信的内容推测来信所提到的鸟化石可能是一块哺乳动物化石。他叫上了另一个人李传夔一起去建平县。他们到达建平县后，在医院里见到了写信人，写信人告诉他们化石在锦州的一个奇石商手中，此人叫张和。侯连海和李传夔又驱车赶到锦州。在那里，他们找到了张和。没想到的是，在张和那里，他们看到了一件令他俩激动得要跳起来的化石。这是一块大小如鼠的完整骨骼，是令李传夔梦寐以求的中生代哺乳动物。这一动物后来被命名为“张和兽”。侯连海还得到了一块不全的鸟化石。1993年年底，中国科学院古脊椎动物与古人类研究所的周忠和和胡耀明已在张和家中见到过这块鸟化石，据称标本来自辽宁省北票市的四合屯。化石的产出岩层为热河群下部的义县组的中下部，2~7米厚的一层含火山灰的凝灰质湖泊沉积的页岩中。1995年，这块化石作为正型标本，经侯连海等研究，被认作是蜥鸟亚纲的一个新科——孔子鸟科中的一个新属种。他以我国的儒学大师孔子为它起名，叫作圣贤孔子鸟。

侯连海认为孔子鸟生活的时代与德国产出的始祖鸟相近似，也是侏罗纪的晚期，距今大约1亿4500万年前。它们的形态也相似，孔子鸟的头骨是小型兽脚类恐龙式的双孔型，即头骨的后部有两对凹孔；有一个三叉形的眶后骨，这块骨向后与鳞骨相连，形成上孔，向下与颧骨上突相接，使下孔与眼眶分开。但中国科学院古脊椎动物与古人类研究所的研究员董枝明从进化的观点认为，孔子鸟的形态特征比始祖鸟要进步得多。他认为，孔子鸟有一个发育的喙嘴，上下颌没有牙齿，尾短，有长的尾踪骨。孔子鸟生活的时代也应比始祖鸟晚，应是早白垩纪，后来的同位素测定结果是1亿2500万年左右。现在大多数学者认为孔子鸟的沉积时代是早白垩世。孔子鸟是继始祖鸟发现134年之后，世界上第2个原始的鸟化石，它的发现立即在全世界古生物学界引起了巨大反响。

在四合屯地区，也就是孔子鸟化石的产地，目前已有4种孔子鸟被挖掘出来，它们是：圣贤孔子鸟、川州孔子鸟、孙氏孔子鸟和杜氏孔子鸟。1999年，美国自然历史博物馆的什亚宾、北京地质博物馆的姬书安等，将孔子鸟做了系统的研究，他们出版了《中国东北地区晚中生代孔子鸟类形态解剖和系统关系》专著。在这本专著中，他们写道："在考察了众多的孔子鸟化石后，我们不能找出确切的形态特征超出圣贤孔子鸟这个种。"董枝明也同意他们的意见，他认为在北票地区出土的孔子鸟是一个巨大的群体，只是由于性别、个体发育差异而有所不同，它们应归于一种。随着孔子鸟标本的增加，保存完整的标本越来越多，它们显示了鸟类雌雄差异特征十分清楚。雄的孔子鸟个体较大，有一对长的尾翎，向后伸可达20多厘米。有人根据中国发现的以及走私到世界各地的孔子鸟标本估计，有5%～10%的标本是雄性。

侯连海等人在研究了孔子鸟的脚趾后发现，它们成对握式，爪尖而弯曲，手上有指爪，便于抓握、爬树，所以他们

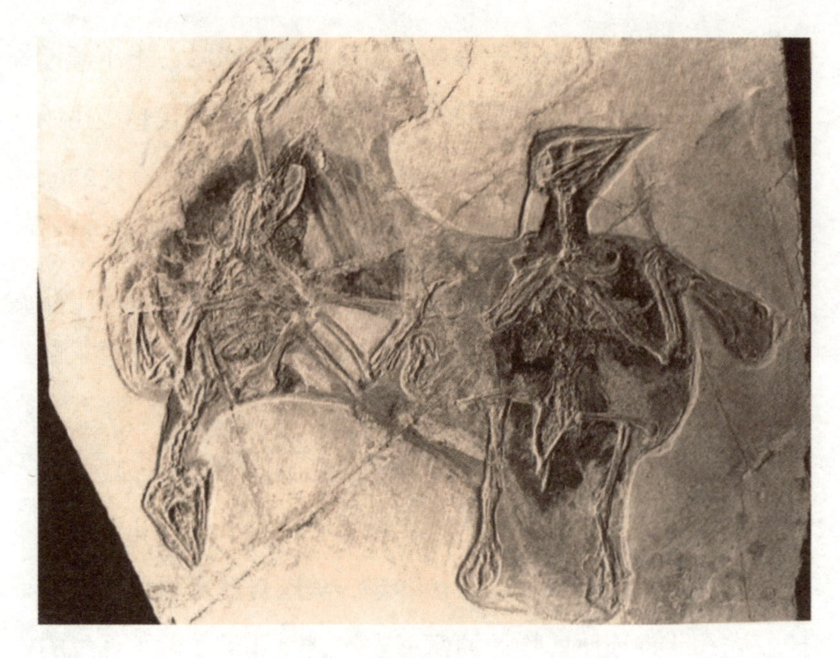

圣贤孔子鸟

推测孔子鸟是一种树栖的鸟。孔子鸟有很好的叉骨，翅上长有不对称的初级飞羽和次级飞羽，肱骨上有大的气囊孔，它应该是一种飞行能力较强的鸟。也许在1亿2500万年前，它们成群结队地翱翔在大湖之上，然而当火山喷发而来时，它们就罹难了，从此沉于湖底，埋藏于散落下的火山灰下，成了我们今天看到的化石。

在辽西，科学家们发现，孔子鸟的化石经常与一种叫狼鳍鱼的鱼化石在一起，这种鱼体长十多厘米。狼鳍鱼一般生活在淡水湖泊中，它们常与一种叫三尾类蜉蝣的昆虫的幼体生活在一起，这种昆虫就像现在水塘里的水鳖，尾巴上有三根刚毛。有时在狼鳍鱼的周围还有一种叫叶肢介的小节肢

狼鳍鱼化石

动物，它们的身上带一片甲壳，多生活在浅水中，因此，很容易保存而形成化石。其中，最著名的就是东方叶肢介。古生物学家称热河动物群为狼鳍鱼—东方叶肢介—三尾类蜉蝣动物群，它们是东亚地区特有的一种典型的土著性的动物群。

中华龙鸟——第一只“带毛”的恐龙

中华龙鸟是科学家们发现的世界上第一只“带毛”的恐龙化石，它具有似鸟似龙的特征，产自中国，所以起名中华龙鸟。中华龙鸟的体长1米左右，头骨低而长，脑颅很小；有明显的眶后骨，方骨直；牙齿侧扁，呈刀状，边缘有锯齿形的构造；腰带骨中的耻骨粗壮，向前伸；尾长，尾椎骨数超过50个；前肢特短，为后肢长的1／3。中华龙鸟从头至尾有一列毛状的衍生物，长4~6厘米，这种类似“毛”的表皮衍生物，有人认为可能是雌性或雄性“装饰”物，也有的人认为它具有保温的功能。

据《文摘报》2000年3月26日载：“1996年8月12日，季强坐在自己的办公室里，突然门一开，进来了一个农民。就是这个人的到来，一下子把季强推到了古生物演变进化的科学前沿……这位农民很诡秘地打开一个布包，里面露出一块70厘米×50厘米的石头。他说，这是从自己家园子里挖出来的，石头上有一个清晰、漂亮的恐龙造型，头昂起着，尾巴翘起来，后腿蹬着，一副向前奔跑的姿态……”《南方周末》2000年10月5日这样写道：“季强代表博物馆收下了化石，并发给那位农民6000元人民币的奖金……”季强毕业于南京大学地质系，在南京地质古生物研究所从师于王成源教授攻读古生物学，毕业后分配到中国地质科学研究院工作，后来在洪堡基金的资助下，到德国在盛肯堡自然博物馆跟威利·齐格勒做博士后继续古生物学的研究工作，回到中国后他竞争上任北京地质博物馆的馆长。季强虎虎有生气，在中国新一代的古生物学者中，他以敏锐、大胆、创新而著称。

后来人们已经知道，这位农民不是从北票四合屯来的，而是从义县来到锦州的，化石是在锦州成交的。上面的引文

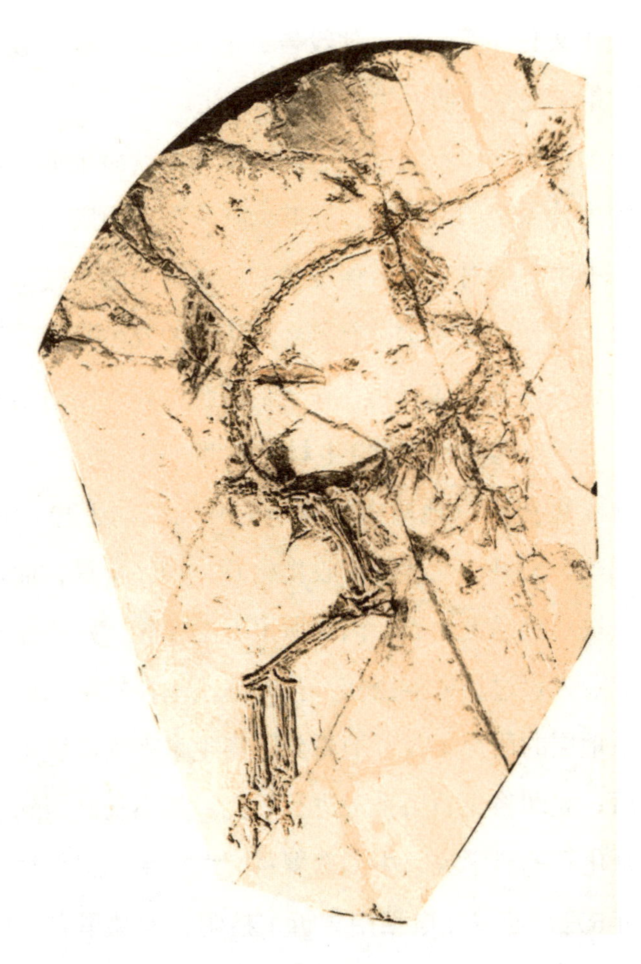

中华龙鸟化石

有几点需要说明，这位农民在当时说了谎。首先，他没有告诉季强化石的真实产地。化石并不是在他家的园子里挖出来的，而是在四合屯村西边的一个小山岗上出土的，化石的发现者叫李印芳。1996年9月2日，季强向首都新闻界公布了他的研究成果。新华社通稿第一次报道："中国地质博物馆一个月前在辽宁义县获得了一块珍稀的鸟类化石。"把化石产地说成了义县。第二点，他没告诉季强还有一块正版化石，已经卖给了南京地质古生物所的陈滦生。

上面说到，化石的发现者名叫李印芳。后来他的名字出现在国内外不少的杂志上，在菲力普·居理出版的《中华龙鸟》一书中，他对李印芳倍加赞赏。本书作者董枝明见到过李印芳，他是一位敦实、有着经济头脑的农民。后来据李印芳说，这块化石是1995年，在他们四合屯村的西边山岗上采到的。中华龙鸟使北票四合屯村在全世界出了名。

陈滦生在南京地质古生物所的开发公司工作，常去辽西的锦州、义县、北票一带收集化石。1996年夏，他在锦州得到一块小型恐龙化石，因与所里有约在先，好的化石要经所内专业人员过目才能出售。当时陈丕基在做中国侏罗系、白垩系地层的研究工作，他看到陈滦生拿来的这块小型恐龙化石后，立即将化石留下来进行研究。陈丕基是国际上研究叶肢介化石的科学家，中国侏罗系、白垩系地层学权威。在1996年5月，他曾在电话中告诉董枝明，他那里有一块小恐龙化石挺重要，并约董枝明有机会去看看。当时董枝明因忙于“中国—蒙古—日本蒙古高原恐龙考察”活动，去了蒙古国的南戈壁挖掘恐龙，未能去成。陈丕基所说的“小恐龙”实际上是南京地质古生物所收藏的第一件中华龙鸟的成年个体，是由四合屯的一位叫李成民的农民于1995年夏天采到的。它应是第一件出土的中华龙鸟的标本。

季强是幸运的，也是敏感大胆的。1996年10月，季强和他的合作者在《中国地质》上，发表了李印芳发现的那块漂亮的恐龙化石。他们给它起了一个很响亮的名字，叫作原始中华龙鸟。季强后来陈述了为什么要给这一带“羽毛”的化石起这样一个名字。他说，这是因为这块化石具有似鸟似龙的特征，它又产在中国，所以起名叫原始中华龙鸟。

当时季强将中华龙鸟作为一只最原始的鸟类，他将它归入鸟纲之中。他认为：“化石上的鸟在整体上显示出鸟类的形态特征，前、后肢已经分异，身上有了原始羽毛，嘴里有粗壮锐利的牙齿，尾长，尾椎骨数超过50个。”季强认为：“这种原始的鸟并不具备飞行能力，它代表了由小型恐龙向鸟类演化的过渡类型，是鸟类的真正鼻祖。”

季强的上述报道轰动了国内外古生物学界，激活了当今生物演化领域一大热点——鸟类起源。对此，季强功不可没。中华龙鸟惊呆了恐龙学家，让恐龙爱好者们发了狂。中华龙鸟报道后，不少科学家纷纷发表评论，他们对中华龙鸟产出地的地层年代、中华龙鸟的归属和分类地位以及是不是鸟类的真正鼻祖，进行了热烈的讨论，并引发了一场

“龙鸟之争”。

中华龙鸟的归属

1996年10月，世界小型兽脚类恐龙研究权威，加拿大阿尔伯特州迪雷尔古生物博物馆的研究员菲力普·居理，应中国科学院古脊椎动物与古人类研究所研究员董枝明的邀请到北京商讨中国—加拿大恐龙计划第三部专刊出版事宜。这时季强先生邀请董枝明和菲力普·居理去他那里观察中华龙鸟。季强从保险箱里拿出一个绿黄色的锦盒，小心翼翼地打开盒盖，盒子一打开，争论也就开始了。现在看来当时的龙、鸟之争过于简单了，随着后来化石材料的发现，龙、鸟之间的界线模糊了，龙、鸟的定义要修正了，化石产出的地层年代也要重新鉴定。但是，正是这种争论促进了科学的繁荣和研究的深入。

季强的盒子里的动物形态特征和身体的大小与德国产的美颌龙很相似，它们可以归于一类。最特殊、最令人叫绝的是动物身体的背部沿中嵴，有一列类似“毛”的表皮衍生物。董枝明说，他当时找不出一个恰当的词，来说明这种“表皮的衍生物”。董枝明给居理当翻译，居理用英语称它是“feather”，中文即羽的意思。但居理却说没有见到羽毛的特征，所以，董枝明又用了“hair”，中文也就是毛的意思。显然，这里有用词上的不准确。当时有几位记者在现场采访，他们俩均表示这是一只恐龙。

1998年，陈丕基、董枝明等人，在英国《自然》杂志上发表了他们对那块南京化石标本的研究结果。他们把中华龙鸟归于恐龙，放在了美颌龙科。因为化石标本有很典型的恐龙特征：它有一个美颌龙式的头骨，头骨低而长，脑颅很小，有明显的眶后骨，方骨直，牙齿侧扁呈刀状，边缘有锯齿形的构造；腰带是典型的兽脚类恐龙式的三射型，耻骨粗壮向前伸，耻骨远端有脚状突。尾长，尾椎骨数超过50个，尾椎骨有发达的神经棘和脉弧。前肢特短，仅为后肢长的1／3。从前肢的特征来看，中华龙鸟生活的时代要晚于德国产的美颌龙。在身体的背部，沿着中嵴，从头顶至尾尖有一列类似“毛”的表皮衍生物。而且，他们还认为，中华龙鸟的正模是一幼年个体。

南京地质古生物所还收藏有另一件个体较大的中华龙鸟标本，在这个标本中，中华龙鸟的腹腔中有一只被吞食的小蜥蜴，在腹腔的后部有一对圆形物，多数见过它的人认为是它的蛋。这一报道在国内外媒体上多次出现。在上面谈到的《自然》杂志的文章中，也将它作为蛋进行讨论。腹腔中保存的小蜥蜴，经陈丕基和董枝明的观察研究，形态也接近于美颌龙吞食的巴伐利亚蜥。他们叫它奥斯特隆胃蜥，以纪念奥斯特隆研究美颌龙的功绩。但腹腔中的“蛋”后经加拿大卡里加里大学的劳拉取样、磨片，用电子显微镜扫描处理后并没有显示出蛋壳的构造，所以有人认为也可能是粪便化石。

1996年末，北票市委书记胡国忠同志因化石保护的事去了北京，并走访了当时任北京地质博物馆的馆长季强，他带来了一只完整的中华龙鸟骨骼化石。这是一件个体较大的中华龙鸟标本，在它的腹腔中保存着哺乳动物的一段下颌骨，经美国匹兹堡卡内基博物馆的罗哲西博士鉴定是张和兽的下颌骨。这证实了人们的推测，中华龙鸟通常是快速地捕食地面上生活的小动物。目前，世界古生物界的科学家们都认同了中华龙鸟归于非鸟类的小型兽脚类——手盗龙类。

目前，科学家们对中华龙鸟身上的类似“毛”的表皮衍生物的形态和功能进行了讨论。中华龙鸟这一列类似“毛”的表皮衍生物呈细丝状，其形态呈纤维状，在头上的，长4～5.5毫米；在肩部的长约21毫米；在腰带处的长约16毫米。研究发现，这种皮肤衍生物没有羽毛的特征——羽轴和羽小枝，也不分叉。

科学家们认为，这些表皮衍生物具有保温、绝热的作用。保温需要是可能的，尤其在小型恐龙和小的始祖鸟之中。这是因为它们高效率的活动，必须保存身体的温度和代谢。从中华龙鸟身上的类似“毛”的表皮衍生物，可以推测小型恐龙可能是温血动物。这种表皮衍生物也许能使中华龙鸟保护身体避免遭受太阳光的辐射。有人认为它可能是一种雌性或雄性的“装饰”物。但这种说法是站不住脚的，因为现在发现的5只中华龙鸟个体身上都有这种绒毛状构造。古生物学家们正在使用新的方法对它进行研究，人们希望有新的结论和看法。目前多数科学家认为它是一种“原羽”或

“前羽”。

康尼迪克大学的布拉什教授推测，这种“毛”是羽毛进化过程中的初级阶段，并称之为“前羽”。但他推测，羽毛进化之初的目的并不是为了飞行，而很可能是一种作为装饰的性特征，后来随着进化又有了生理性的保温功能。然而，布拉什教授认为，这种“毛”作为飞翔动力的功能出现得却较晚。马丁认为，它们类似于某些现在的爬行动物，如蜥蜴脊背上长的表皮衍生物结构——胶质的“刚毛”，也可能是皮肤下的骨胶原纤维组织。有的人注意到，这种衍生物仅长在中华龙鸟背部的中脊，尾巴的上下也是沿中脊分布。他们认为，由于动物是埋在湖底泥沙中，因此，化石上衍生物的方向可能没有反映真实的情况。他们还认为，也许衍生物原先是平行的，它们是一种在皮肤下的骨胶原纤维，用来支持中部皮肤的振动。这就有点像蜥蜴类背上的扁“鳍帆”，沿中嵴到尾尖再到尾巴下面。相似的骨胶原纤维在现代爬行动物中也可以找到。俄勒冈州的科学家约翰·鲁本曾显示过这一构造。他解剖了一只海蛇的尾巴，发现有用来支持鳍状物的骨胶原纤维，这与中华龙鸟的这种衍生物十分相似。

在法国，美颌龙的骨骼也是在潟湖沼泽相的岩石中找到的。有人推测美颌龙可能过着两栖生活，它们活动在岸边，有时跑人水中，以逃避大型肉食动物的追杀；有时进入水中以追捕猎物，这时就需要用尾巴来作推进器，就像戈拉帕斯岛的海蜥那样。中脊上长有“帆状嵴”的蜥类，现生的种类很多，如基利蜥、园蜥等。中华龙鸟的“毛”状物也许就是“帆状嵴”。

费城“梦之队”来访

1997年3月，美国费城科学院组织了一个经历丰富的专家代表团，来中国进行科学考察。这个专家代表团在有关鸟和恐龙的研究方面具有国际权威，号称鸟和恐龙研究的“梦之队”。这个专家代表团的成员有，美国耶鲁大学的奥斯特隆、堪萨斯大学的马丁、康尼迪克大学教授布拉什、德国巴伐利亚州立博物馆的伍尔豪夫和摄影家布贝尔。“梦之队”的组织者是俄伯。俄伯多次组织过“北美恐龙节”化石展，热心于从事恐龙科普的宣传工作。

当“梦之队”从中国返回到费城后，1997年3月31日在“费城调查”上公布了他们中国之行的考察结果：“在北京和南京我们观察了那两件标本，我们之中没有一个人认为它有羽毛的结构，我们不可能称它为鸟的羽毛。”而且，伍尔豪夫还认为“它确实是新颖而不同寻常的，但它是否能成为鸟羽却不得而知，这只是推测”。1997年4月24日，“梦之队”在美国自然科学院报告了他们在中国的发现，季强先生应邀出席了这次报告会。他们再次强调了中华龙鸟的衍生“毛”没有羽毛的构造。奥斯特隆记述：他们不理解什么是纤维。康尼迪克大学布拉什教授推测，它们可能是“前羽”的某种类型，这是有关中华龙鸟的文献中第一次引用“前羽”这个词汇。堪萨斯大学的马丁说得更大胆一点，他推测这些胶原结缔组织纤维是长在皮肤下，与羽毛没有任何同源关系。以上这些观点还有待于科学家们的进一步证实。

1998年，在费城科学城举办的“第三届恐龙节”上，中国科学家董枝明曾见到过俄伯。俄伯告诉他，他们当初组织“梦之队”的目的，是为了到中国考察两只“带毛的恐龙”，探讨与中国科学家们进行合作的事宜。奥斯特隆开始还给中国科学家陈丕基写了信，信中谈到希望能来中国访问，参观中国的化石。陈丕基告诉他，化石目前正在研究，希望他们在化石研究有了结果以后再来，这样就可以与他们很好地研讨。但后来，俄伯他们又给中国科学院古脊椎动物与古人类研究所的科学家张弥曼院士写信，再次表达了他们希望到中国访问的愿望。后经张弥曼院士的推荐，北京地质博物馆的馆长季强博士邀请接待了他们。在中国，他们先后访问了北京、南京，观察了中华龙鸟标本，季强先生又陪他们去了辽宁北票，参观了中华龙鸟化石产地。

在费城科学城举办的恐龙节讨论会上，有人用鳄类、蜥类的皮下肌纤维束对比中华龙鸟的衍生“毛”纤维，确实很相似。中华龙鸟的两件标本（正模和负模）都没有进行细致的修理。董枝明研究员观察了一件新的中华龙鸟标本，它的尾前段有衍生“毛”，其纤维状的“毛”几乎是水平叠压，上层面有一光滑的界面，这光滑的界面可能是皮肤。纤维状的“毛”直接压在尾椎的上下脊椎骨上，中间没有间隔，它们好像是附着在椎体上的胶原肌纤维。如果此观察不假，那么马丁大胆的推测也许是正确的。当然，正确的结论还有待于这件标本的正式研究报告。中华龙鸟的5件标本，均有这种绒丝状的衍生物，马丁大胆的推测也许可能有误，但这件标本尾部所谓“毛”的观察却支持着马丁的推断。

还有人从辽宁四合屯出土的几种“带毛”的恐龙身上选择了绒丝状的“毛”、尾羽龙的尾羽、原始祖鸟的羽和孔子鸟的飞羽，以研究它们之间的形态和演变进化过程。研究发现，它们的变化顺序与羽毛的胚胎发育基本吻合，这进一步支持了绒丝状的“毛”是“前羽”的观点。

长城鸟

在美国人什亚宾等写的《中国东北地区晚中生代孔子鸟类形态解剖和系统关系》一书里，论述了他们在1999年建立的一个新的属种——横道子长城鸟。属名为“长城”，是因为长城是中国的象征；种名是横道子，是因为化石产于横道子岩层而得名。长城鸟的化石产地是在辽西北票上园乡尖山沟村。

长城鸟的大小与孔子鸟大小差不多，外形也很相似，但长城鸟有长尾羽，显示它可能是雄性。长城鸟的吻较孔子鸟的细而弯曲，吻尖的喙嘴短，约为头长的2／3。长城鸟的头后部较高，叉骨的横切面呈8字形，两端粗，中间细。但孔子鸟的叉骨切面是扁圆形，叉骨末端有明显小突连接；胸骨后端有深的V形凹；腕掌骨Ⅰ短，约是腕掌骨Ⅱ的一半长；

指Ⅱ中间节短，腕掌骨Ⅲ和Ⅳ远端愈合。这些特征说明长城鸟有很好的飞行能力，能捕食昆虫。长城鸟也是孔子鸟群中的成员，是四合屯地区的第2只古鸟。长城鸟成为一个新属合理，还是将它归于孔子鸟属合理，还需要科学家们的进一步研究。长城鸟的尖短喙嘴，反映出它可能是以昆虫为食的中小型鸟。

辽宁鸟的意义

1995年，中国古脊椎动物与古人类研究所和辽宁考古研究所的工作人员联合在辽宁北票一带进行实地考察。他们得到了一块保存不很完整的鸟化石。化石最明显的是，有一块壶形的骨头，这引起了侯连海的重视。他经对比鉴定后认为，这是一块鸟的胸骨，其前有前胸骨，上面有发达的龙骨突，与现代的鸟相似。侯连海将这块鸟化石标本归类于今鸟亚纲，并断定它就是现代鸟类的祖先。这块鸟化石因产自辽宁省，故取辽宁做属名；又因为它的趾长超过跗跖骨的长度和爪与末趾等长的特点而取它的种名，所以，侯连海将它称之为长趾辽宁鸟。

辽宁鸟的跗跖骨粗壮，与胫跗骨的长度比例近似于黄昏鸟和鱼鸟。我们前面已经知道，黄昏鸟和鱼鸟都是游禽类，以食鱼为主。所以，侯连海认为辽宁鸟可能也是一种适于水域、岸边生活的鸟，它们有潜水的能力。辽宁鸟的发现也显示出，在四合屯孔子鸟动物群中，蜥鸟类和今鸟类两大类鸟已经开始分离，各自开始向着不同的方向发展。但孔子鸟、始祖鸟一群没有传下来，而是中途过早地灭绝了。今鸟类的辽宁鸟一支却延续了下来，成了今天我们见到的鸟。有关辽宁鸟的报道引起了人们不同的争议，部分原因是它缺少头骨和前肢，鉴定起来有困难，另一原因是鸟类进化过程中过早的分离。今鸟类的出现使得鸟类来自恐龙的学说变得扑朔迷离起来。

始反鸟

布氏始反鸟是北票四合屯发现的第四种鸟。它属于蜥鸟亚纲中的反鸟类，它是已知最早的反鸟化石，有“开始”之意，加上反鸟作属名；布氏则是德国的已故著名古鸟类学家，人们将种名赠予他，以示纪念。

始反鸟是一种鹌鹑大小的鸟，它的喙短粗，嘴里有牙齿，头高；颈较长，由11节颈椎组成。音叉状的叉骨有较长的联合部，鸟喙骨基部短宽，这与其他反鸟不同。始反鸟的翅膀上有3个尖爪，有较长的尾踪骨。它的尺骨较长，有发育很好的小翼羽，所以始反鸟有较好的飞行能力。

辽西发现的燕都华夏鸟化石是小型的反鸟化石，它们的大小与一只鹌鹑差不多。嘴里有锥状的牙齿，前肢有爪。反鸟类是生活在中生代晚期，特别是早白垩世时期常见的一种小型的鸟类，因它的跗跖骨远端愈合与鸟类不同而被鸟类学家称为反鸟。

20世纪90年代，北票四合屯一带的人们在经济大潮的推动下开始有了经济意识，他们也开始寻找发家致富的门路。

中国辽西发现的反鸟化石

很快，聪明的四合屯人意识到了化石的重要性，他们开始在山坡、地头挖掘化石了。“群众性”的挖掘开始了，孔子鸟、辽宁鸟、中华龙鸟、长城鸟、原始祖鸟、尾羽龙、北票龙、中国鸟龙等等相继出土问世。新的化石在不断地发现，而假化石也在不断地制作中，100多年前的“索罗霍芬现象”在四合屯地区重演着。

北票地区化石的无序滥挖乱采，真假难辨的化石进入市场，珍贵化石的走私出境等等，引起了当地媒体、政府和研究机构的高度关注。1996年，辽宁省地矿厅协助北票市开展了大规模的整顿工作，他们结合宣传，严厉地打击了化石的滥挖乱采和走私活动。1997年，辽宁省政府批准在北票市成立化石自然保护区，设立了北票鸟化石群自然保护区管理处，建立了辽宁省化石博物馆。1997年，中国科学院重大项目、国家自然科学基金开始支持北票古鸟类化石的研究工作。中国科学院古脊椎动物与古人类研究所组织专门力量奔赴辽西北票进行实地考察发掘。他们经过几年的野外考察，取得了丰硕的研究成果，基本上弄清了北票四合屯周边的地质情况。

2001年1月，辽宁省人民代表大会通过了《辽宁省古生物化石资源保护管理条例》。辽宁省的化石资源将开始得到依法有序的管理。科学工作者有责任、有义务告诉当地那些提供化石材料的人，爱护这个人类的宝库，为子孙后代留下一个生命进化的天然博物馆。现在，当地人民政府采取保护和开发并举的政策，就像德国的“索罗霍芬”那样，把北票四合屯办成科普教育和旅游观光之地。目前，北票四合屯吸引着世界古生物学家们的目光，化石爱好者也源源不断地来到这里参观古鸟类的墓地。

十一、人类登场

“人”，我们的祖先在创造这个字时，必定是看出了我们人有两条腿，直立地站在那里。人类学家们对“人”下过许多定义，在科学家们看来，“人”的生物学定义最重要的是“直立”，从而使人类区别于猿类。人类是从哪里起源的？人类的历史有多长？人类的进化动力是什么？等等，这许多的问题到目前为止并没有一个清晰的答案。在这里，我们简要介绍一下人类化石的一些重要发现，也许你可以从中看到我们人类在历史长河中的足迹。

● 南方古猿的出现

在新生代的古新世，也就是5800万年前，地球历史打开了人类起源最早的一页，真正的灵长类开始登上了演变进化的舞台。你可能不会想到，早期灵长类的体型竟与老鼠的差不多，它们叫作原猴类。原猴类是生活在丛林中的一类动物，它们多生活在树上，善于攀缘。今天我们在动物园里看到的猴子、狒狒、黑猩猩、大猩猩、长臂猿等都是灵长类动物。科学家们经过血液蛋白质的分析显示，我们人类和黑猩猩、大猩猩有着较近的亲缘关系。

灵长类动物是英国科学家乔治·米瓦尔特创建的一个目，它们同属于有胎盘的一类动物。灵长类动物的特征是有指（趾）甲、有锁骨，眼眶被骨质圈起，有大的眼睛，眼位于脸前，而不是两侧，可眼观六路，耳听八方，并有立体视觉感。灵长类动物的四肢均有五指（趾），大拇指和大脚趾与其他四指（趾）分开成对握式，以利于在树上的攀缘和活动。进化上显示，灵长类动物的脑颅趋于增大。它们原始的牙齿分三类：有2对门齿、1对犬齿、4对前臼齿、3对臼齿，嘴巴里总共有40颗牙齿。这么多的牙齿也真害得我们人类好苦，人类的食性在改变，颌骨在缩小，牙齿也在减少，但我们的口腔还是拥挤不下那么多的牙齿，老闹牙病。灵长类动物均有一对乳腺。你如果仔细对比一下人和猿类，比如大猩猩的骨架，就可以看出两者的确很相似。

4500万年前，也就是始新世时，印度板块撞击着亚洲板块，开始挤压亚洲板块，喜马拉雅山脉从此开始隆起。科学家们在考古中发现了这个时期众多的灵长类化石，如狐猴类和眼镜猴类、著名的曙猿的化石等在中国的长江流域均有发现。在中新世时期，也就是距今1500万～700万年前，灵长类开始分化出原猿、森林古猿、拉玛古猿，它们已经有了较为发达的脑，牙齿开始退化，体型逐渐增大。化石出现在非洲、欧洲和亚洲，科学家们根据化石确信，人类的起源地点只能在旧大陆非洲或亚洲。在我国云南的开远、禄丰、元谋等地发现了森林古猿、拉玛古猿，这些化石材料保存得很好，特别是在禄丰石灰坝采有完整的禄丰拉玛古猿的下颌骨和头骨。拉玛古猿的牙齿与人的牙齿很接近，有些科学家认为它们就是猿类和人类的祖先。我们人类的“堂兄弟”——大猩猩、黑猩猩，还有我们人类自己就是从一个共同的祖先那里分道扬镳，各奔前程，走上了自己的生死之路。

多年来，科学家们在非洲的南部和东部发现了许多距今700万年前到200万年前之间的似猿似人的化石，他们为这些化石起名叫作南方古猿。南方古猿具有猿和人的混合性质，他们的头骨和面部像猿，而牙齿则像人。与猿类相比，犬类的牙齿已经大大地退化，从已发现的骨盆和肢骨来判断，猿类已经能直立行走，它们的脑量有600～800厘米^3。现代猿的脑量是500～600厘米^3，更新世时期最原始的人的脑量有900厘米^3。可以看出，南方古猿是人类进化出来的第一阶段，它们生活在700万～200万年前。东非的大裂谷使埃塞俄比亚、肯尼亚、坦桑尼亚一带抬升起来形成了高原，气候开始变得干旱起来，森林萎缩，树木也变得分散稀疏起来，这使得古猿不断地改变着活动的方式。似猿似人的南方古猿开始离开树林，到空旷的草原上活动。它们逐渐抬起身躯，转变成为两足直立行走。直立行走的结果，使手从行走中解放了出来，从而用来抓握东西，制造工具，它们的脑量也急剧增大起来。

● 人类黎明时代的到来

为了适应生态环境的变化，南方古猿类开始演化形成南方古猿的四个主要类群，两足行走的南方古猿类这时进化到了第二个阶段。此时，它们的脑容量在继续增大，到了距今300万～200万年前，在这些不断繁衍的物种之间，进化出了一个脑容量明显较大的物种。脑容量的扩大标志着人类出现的信号。到了250万年前，非洲就有了直立起来的“人”——“能人”，它们出没在东非的大裂谷上，开始制造和使用工具。

实际上，黑猩猩已能很好地使用“工具”。制造和使用工具常被科学家们作为人类文明的标准，人类最初最简单的工具也许是用两块石头撞击打造出来的。这些工具可能是地球上第一批猎人制作的，它们也许是用来切刮兽皮、肉块用的。大量地食肉，增进了“能人”的体质和智力。南方古猿类的有一些种在生存竞争中逐渐衰败下来而灭绝了。“能人”中的一支后来发展成了直立的人。170万年前“元谋人”出现在喜马拉雅山脉的东麓，70万年前的“蓝田人”开始穴居于黄土塬上，50万年的“北京人”已学会了在洞中燃起篝火。这些原始人的脑量已达到了1000厘米3左右，它们的头盖骨低而且厚重，眉弓突出，它们的颌强壮发达，比现代人的颌向前突出。20万年前的“金牛山人”最终进化到了“智人”的阶段。人类的黎明时代已开始来临了。人类的化石“文字”清楚地告诉我们，人类是大自然进化的产物。大约在5000年前人类创造出了文字，这标志着人类文明时代的到来。到了3500年前，甲骨文出现了，人类开始了用文字来记述自己的历史。

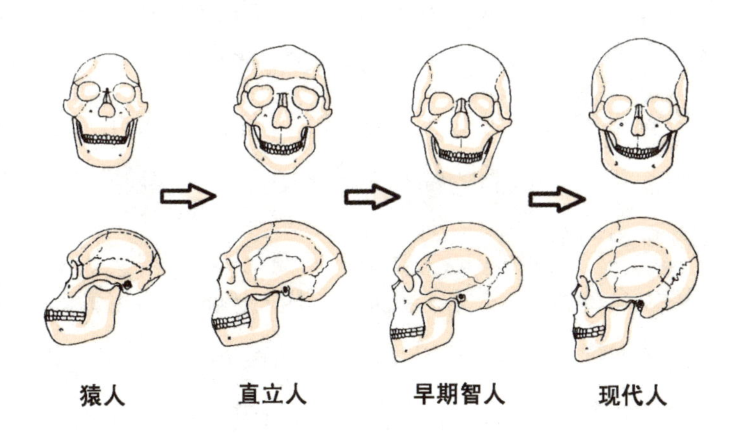

从猿人到现代人的头骨变化

● 谁是地球未来的主人

“姬娅”一词来源于古希腊语，它的意思是“大地之母”。“姬娅”是在1972年由美国国家航空航天局的顾问詹姆斯·洛夫洛克先生提出来的。詹姆斯认为地球是一个由聚居在它表面的不断相互作用的生命组成的活跃的球体。地球有它自己的生命，有它自己的生命系统，地球在某些方面是由这个生命系统来调节的。我们讲得通俗一点儿，就是说“地球是活的”。地球实际上是通过化学、物理与生物的协调来完成自己的生理机制的。即地球通过无生命的地圈的演化与生命圈的演化相互作用，共生融合，就可以完善自身的调节。

从生命的诞生过程，我们可以看出环境和生命是相互协调的，它们共同演变进化着。细菌利用氢气、碳和氮气，然后放出氧气。实际上，在这里氧气是一种毒素，氧气是作为一种代谢废物排出的。最初这样的废物对环境来说是灾难性的。你可能不会想到，我们人类一刻也离不开的氧气，即使是在今天对亿万蓝细菌来说仍然是一种毒素。但奇妙的是后来氧气却推动了生命的进化和发展，生命中演化出现了一种异养的生命——动物，这些生命一刻也离不开氧气，它们需要吸入氧气才能生存。在这里你就可以看出，氧气这种“毒素”开始进入了地球的循环，它反而成了有益的东西。其实，生物界中有很多这样的例子，如地表火山喷发带出了硫蒸气，嗜硫细菌就开始利用硫而繁衍起来，进而聚集形成硫化物矿。地球历史上的生命爆炸性的发展和灭绝都是和地圈物理化学相协调一致的，这实际上也是一种互动平衡，它是由地球本体来调节的。姬娅理论不是一种假说，而是地球自身保护的一种“行为”。

但是到了今天，我们人类一直傲视其他生物而以地球的主人自居，有着“人类中心论”的优越感。人类在无节制地向大自然索取着，我们屠杀生灵，滥挖乱掘矿产资源。实际上，我们仍然很愚蠢，如果我们继续无限地摧毁生态环境，我们人类就会像消失的地球伙伴恐龙一样，把自己推到毁灭的边缘。姬娅——“大地之母”养育着生命，护卫着环境，我们人类一定要学会爱护她，尊重她。

生物学家威尔逊认为地球上大约有1亿多种生物，但科学家们大约记述和命名的还不到200万种。美国著名的古生物学家辛普生估计在生命存在的34亿年中，大约有多达500亿的物种在地球上生存过。就大小和复杂性而言，生命从最小的单细胞细菌，只有0.00000001微克重，到巨大的鲸鱼，体重达百吨之重，有亿万万个细胞组成，被几亿个基因组控制着，生命占有了地球上所有的生态带。从最深的大洋深处，到最高的山峰，均有生命的存在，还有生命甚至飘浮在大气中。生命与“大地之母”共生共荣。

1994年，在日本大阪举行的一次国际恐龙研讨会上。有的人别开生面地提出让科学家们浪漫地设想一下谁是地球未来的主人？大家提出的设想你可能根本想象不到，比如科学家们提出了老鼠、鸟类、微生物、人造“怪胎生物”等均有可能成为地球未来的主人。这一幕一幕浪漫的设想的确引起了人们极大的兴趣。怎么？科学家们竟然将老鼠、微生物等设想为地球未来的主人，这可能吗？但如果你看了下面的一些分析，你也就不会觉得不可思议了。

首先我们先来看看老鼠，也就是啮齿类动物。老鼠的确有成为地球未来主人的潜质，它们的基因活跃。新的研究显示老鼠的基因组与人类的基因组接近，老鼠的适应力强，繁殖力惊人，老鼠的抗药性常常使人感到束手无措。如果以动物适应辐射的范围、种的数量以及种内个体数目的多少作为动物进化成功的标准，那么啮齿类动物要远胜于其他动物。可以说啮齿类动物是新生代中最成功的动物，而且它们现在正在走向更加兴旺的时期。

现在许多科学家认为，鸟类是恐龙的后代。鸟类有着高代谢和高体温，它们的身体框架结构精细合理，飞翔移动起来轻便快捷，还适合远距离迁移。鸟类具有很深的亲子行为，它们的幼雏生长快，而且基因稳定。与许多走向灭绝的动物大型化相反，鸟类是在向小型化方向发展。就灵性而言，鸟类也远非其他许多动物所能比的，它们目前正如日中天。

微生物不被人们看好，因为微生物太简单、微小。但你可不要小看了微生物，它们从来就是生命的常胜者和开拓者，它们无处不在，无处不有。微生物能适应任何环境，某些细菌的芽孢可忍耐100摄氏度的高温，埋在地下几百年也不会死。它们注定将会常驻地球而不会衰亡。

“克隆”已不再是实验室的专有名词。未来的太空旅行者，也许是人造的精灵，一个“共生的人”，一个有“生命智慧的机器人”。这样的“生命智慧的机器人”有它的自养体系——类叶绿体，也有异养消化机制。也许它们离开地球在太空旅行之后很久很久又再次回到地球访问，也许它们仍将继续它们的计划去会见更多更多的外星朋友。有的科学家认为，有朝一日也许有一个疯狂的人，或者是战争贩子，或是恐怖分子会制造出一种“怪胎生物”从而毁灭了人类。人类需要科学的道德和法规。然而，用不着太过悲观，人类尚处在自己的童年时代，相信人类必将有一个更加辉煌的未来。

世间没有永恒，时间在变，空间在变。变是永恒的，变就是进化，进化就会不断奏出生命的新歌。地球的科学历史使我们知道，谁也不可能是地球上永远的主宰，无论是恐龙还是人，它们都不过是时间与空间的匆匆过客。